# 基于雨洪安全的城市景观格局优化研究

王凯 著

中国水利水电出版社
www.waterpub.com.cn
·北京·

## 内 容 提 要

城市内涝是复杂的自然社会现象，是暴雨灾害与人为作用双重影响的结果。本书通过水文模型和土地利用动态变化统计模型，探求不同时空尺度下城市土地利用和景观格局对暴雨径流的响应，并构建区域景观格局优化模型，提出基于雨洪安全的城市景观格局优化预景。3S技术、地理信息系统、SCS水文模型、雨洪安全模型为研究结果提供科学依据。

本书致力于为城市雨洪管理方向、城市景观格局优化方向的科研人员提供案例和视角，也为城市规划决策者提供城市可持续土地利用规划的开发建议。

## 图书在版编目（ＣＩＰ）数据

基于雨洪安全的城市景观格局优化研究 ／ 王凯著
. －－ 北京 ：中国水利水电出版社，2024.4
ISBN 978-7-5226-2114-2

Ⅰ．①基… Ⅱ．①王… Ⅲ．①城市－暴雨洪水－灾害防治－研究②城市－景观结构－景观设计－研究 Ⅳ．①P426.616②TU984

中国国家版本馆CIP数据核字(2024)第018045号

| 书 名 | 基于雨洪安全的城市景观格局优化研究 JIYU YUHONG ANQUAN DE CHENGSHI JINGGUAN GEJU YOUHUA YANJIU |
|---|---|
| 作 者 | 王 凯 著 |
| 出 版 发 行 | 中国水利水电出版社 (北京市海淀区玉渊潭南路 1 号 D 座　100038) 网址：www.waterpub.com.cn E - mail：sales@mwr.gov.cn 电话：(010) 68545888（营销中心） |
| 经 售 | 北京科水图书销售有限公司 电话：(010) 68545874、63202643 全国各地新华书店和相关出版物销售网点 |
| 排 版 | 中国水利水电出版社微机排版中心 |
| 印 刷 | 天津嘉恒印务有限公司 |
| 规 格 | 170mm×240mm　16 开本　8 印张　157 千字 |
| 版 次 | 2024 年 4 月第 1 版　2024 年 4 月第 1 次印刷 |
| 定 价 | **60.00 元** |

中国过去几十年的快速城镇化进程，提高了人民物质生活水平，同时，城市水问题也随之凸显。城镇化导致土地利用方式、数量和结构的改变，影响了水文循环过程，使城市雨洪灾害频发。如何通过科学规划与调控，实现城市的可持续雨洪管理是本书研究的终极目标。郑州市作为国家中心城市和"一带一路"重要节点城市，城镇化水平将不断提高，如何应对城市空间快速扩张所带来的水环境危机，增强城市抵御暴雨乃至特大暴雨的韧性，是未来建设生态文明城市的重点。全书以"景观生态安全格局"理论为基础，以整个郑州市为研究范围，构建城市尺度下的雨洪安全格局，提出基于雨洪安全的郑州市景观格局优化预景，以期为城市土地利用规划和发展策略提供可操作性的实用指引。

全书共分为 10 章，主要涉及以下 6 个方面的内容：

（1）调研近些年河南省雨洪灾害的历史数据，包括雨洪灾害发生的时间与空间分布、发生频度，以及暴雨强度、经济损失和人员伤亡等详细信息，把握河南省雨洪灾害的基本特征。分析河南省和郑州市雨洪灾害产生后政府采取的应急措施、灾后恢复手段以及实施中出现的问题，掌握雨洪管理的现状。

（2）量化分析郑州市景观格局动态和梯度变化。通过解译过去三个有代表性年份的 TM 遥感影像数据，采用景观格局指数分析法和统计特征比较法，定量揭示郑州市景观格局动态和梯度变化特征，总结过去 20 多年以来郑州城市发展的历程和规律。

（3）构建郑州市不同时期的 SCS 水文模型，分析下垫面产流效应的空间格局，并对位于郑州市主城区的一个汇水区进行暴雨径流过程模拟，重点分析下垫面因素、降雨强度、前期土壤湿润程度对暴雨径流过程的影响。

（4）使用"径流廊道＋淹没源区"的因子叠加法确定郑州市的雨洪安全格局。以郑州市无洼地 DEM 数据为基础，采用 ArcGIS 的水文分析、3D 表面分析、重叠分析等工具，提取郑州市不同频率暴雨的雨洪淹没区范围，判别郑州市雨洪安全格局的关键位置点和空间区域。在此基础上，等权叠加郑州市不同频率暴雨淹没区范围和不同安全级别潜在径流缓冲带，依雨洪风险等级将郑州市所有空间区域划分为五大分区，即极高风险区、高风险区、中风险区、低风险区和安全区，以定量和定性分析相结合的方法构建郑州市雨洪安全格局模型。

（5）根据雨洪安全格局模型，提出郑州市景观格局优化策略。从区域土地利用的宏观空间管控视角，定量测算城市应对不同暴雨重现期的淹没区范围，建立宏观尺度下的生态管控系统。根据城市与水安全在空间上的耦合关系，提出基于中观视角的水生态修复策略。从河流生态廊道、城市绿道和农林生态廊道三个方面构建复合型生态廊道网络。促进郑州市河流形态的多样性延展，创造多样化的生境条件。

（6）梳理郑州市现行雨洪灾害管理的痛点与难点。以郑州市个案为基础，结合河南省现状，总结出提升郑州市雨洪灾害管理水平的优化建议及河南省的普适性建议。

本书作者是华北水利水电大学建筑学院教师，在编写过程中得到了华北水利水电大学的资助，参考的有关著作、学术论文均在参考文献中注明，在此一并表示感谢。由于作者水平有限，难免存在缺点和错误，恳请读者批评指正。

王 凯

2023 年冬

# 目录

# 第 1 章

# 绪　论

## 1.1　研　究　背　景

### 1.1.1　中国快速城镇化背景下的城市雨洪灾害

从世界范围来看，雨洪灾害在很多大城市广泛存在。在我国，随着城市化进程的推进和气候变化，城市雨洪灾害也日益突出。2010 年，住房和城乡建设部对全国 351 个城市在 2008—2010 年的城市内涝情况进行了专项调查。结果显示，遭受过不同程度内涝灾害的城市有 62%，接近 75% 的城市内涝积水深度超过 0.5m，接近 80% 的城市内涝积水时间超过半小时。全国各地因特大暴雨引发的城市雨洪灾害，造成人员伤亡和经济损失的报道屡见不鲜。2008 年，深圳"6·13"特大暴雨，6 人死亡，严重影响当地居民生活的公共秩序；2012 年 7 月 21 日，北京发生特大暴雨，死亡 79 人，直接经济损失达上百亿元；2013 年 9 月 13 日，上海特大暴雨，地面交通瘫痪，地铁进水，虹桥机场变身"海港"。近年来，郑州市雨洪灾害也频频发生，在暴雨多发的夏季几乎逢雨必淹，时常上演"内陆变大海"的场景，给市民的出行和生命安全造成严重威胁。2021 年 7 月 17—22 日，河南省出现历史罕见的极端强降水，郑州国家站最大 1h 降雨量达 201.9mm。郑州"7·20"特大暴雨强度和范围突破历史记录，全市城乡大面积受淹，城镇街道洼地积涝严重，河流水库洪水短时猛涨，山丘区溪流沟道大量壅水，形成特别重大自然灾害。

城市雨洪灾害已成为继交通拥堵、环境污染、人地矛盾突出等城市问题之后的又一大城市病。城市内涝受暴雨和人为作用的多方面影响，是自然现象，同时也是社会现象[1]。自然因素方面，气象和地形是影响城市内涝灾害的主因。社会因素方面，城市土地利用格局和排水设施对城市内涝影响较为显著。城市化导致土地利用方式和数量结构发生改变，城市不透水面积的大幅增加使降落到地面的雨水难以下渗，地表水和地下水之间的天然联系被切断，导致水文循环过程被破坏,这也是城市发生雨洪灾害的频次和强度增加的主要原因[2]。而传统的"快排式"工程管网模式已不能解决城市雨洪问题,难以发挥集雨水资源利用、生态景观等多目标综合效应。

### 1.1.2 国家战略和城市发展的机遇与挑战

为缓解城市与资源之间的矛盾,减少城市雨洪灾害,我国于2012年提出了建设海绵城市的战略构想。自2014年住房和城乡建设部发布《海绵城市建设技术指南》以来,全国各地兴起了建设海绵城市的热潮。2016年出台的《中共中央国务院关于进一步加强城市规划建设管理工作的若干意见》中要求各地恢复城市自然生态体系,积极推进海绵城市建设。在此之后,住房和城乡建设部又印发了《海绵城市专项规划编制暂行规定》,将海绵城市建设专项规划纳入城市总体规划中,成为一个专项规划。住房和城乡建设部在该文件中还要求各地进行海绵城市专项规划草案的编制工作。截至2016年,全国已有130多个城市制定了海绵城市建设方案,其中四川省、江苏省、安徽省、辽宁省已印发指导意见,要在全省范围内全面推进海绵城市建设。截至2020年年底,全国城市共建成各类落实海绵城市建设的项目约有4万个。毫无疑问,建设海绵城市已升级为国家核心战略之一,是践行生态文明的方向。

海绵城市建设的核心任务是对城市水系、湿地、坑塘等进行保护,让它们承担城市"海绵"的功能,在此基础之上,结合低影响开发技术建设城市绿色基础设施,利用绿色屋顶、植物、透水地面等最大限度减少雨水径流和污染,最大限度减少人类干扰对城市生态系统的破坏,促使复杂的城市生态系统向良性方向发展。然而,海绵城市建设是一个过程,要想发挥生态效益需要时间。不能因为某次强降雨带来的城市雨洪灾害而全盘否定海绵城市战略的科学性。但是,不可否认,我国各地如火如荼地开展海绵城市建设的过程中,都面临着"中国式"挑战。首先,科学合理地制定宏观、中观、微观三个层面的海绵城市规划体系是对专业人员的挑战。缺乏专业人才和建设经验,对核心问题理解不到位,导致规划不能灵活应用理念、方法和技术,规划指标的科学性有待商榷,规划成效存在疑问。其次,我国正处于城镇化发展的关键期,城市土地寸土寸金,土地资源的紧缺导致无法保证"绿色海绵体"的营造数量和规模,难以达到海绵城市建设标准,使海绵城市的规划理念与实施脱节。再者,海绵城市突袭式建设给城市带来很多尚未预见的风险[3]。

### 1.1.3 宏观视角下可持续雨洪管理的需求

面对城市雨洪安全问题,不少学者和专业人士从多种视角提出应对策略,如基于城市气候应对视角、城市规划视角、城市建设视角、城市管理视角等。国外的雨洪管理较早地转变了思路,从单纯的工程性措施的研究,转向注重生态的可持续发展的雨洪调控研究。我国在住房和城乡建设部和国务院出台了相关技术指南和指导意见后，也掀起了海绵城市的建设浪潮。各地海绵城市规划建设实践中，研究的视角集中在低影响开发技术，以及借鉴西方先进的水敏感城市规划设计案例上[4]，较多关注微观层面的多种雨洪管理的技术及设施。然而，城市水文系统是一个复杂的综合系统。城市水问题不能简单地就水论水，需要深入分析影响城市水安全的因素以及各影响因素的作用机制，需要把研究对象从水体本身扩展到城市乃至区域的水生态系统上，需要把视角从河流水网扩大到水陆整体环境上，建立综合性、整体化的多目标雨洪管理体系[5]。因此，构建基于景观格局宏观调控的雨洪管理体系迫在眉睫，也是增强城市承洪能力的根本途径。

# 1.2　研　究　内　容

## 1.2.1　城市雨洪灾害管理现状

城市雨洪管理涉及生态学、城市规划、风景园林、环境工程和给排水工程等学科，研究尺度包括区域宏观尺度、城市中观尺度及街区微观尺度，具有多尺度多层面的特点。梳理国内外城市雨洪管理的理论与实践，解析多学科、多尺度下的相关研究，成为后续景观格局优化研究的理论依据。

调研近些年河南省雨洪灾害的历史数据，包括雨洪灾害发生的时间、空间分布、发生频度、暴雨强度、经济损失和人员伤亡等详细信息，把握河南省雨洪灾害的基本特征。调研河南省雨洪灾害产生后政府采取的应急措施、灾后恢复手段以及实施中发生的问题和实施后效果评价，了解河南省雨洪灾害的管理现状。

## 1.2.2　景观格局的动态变化与梯度分析

借助地理信息系统（geographic information system，GIS）分析软件，解译郑州市长时间序列的遥感数据，对城镇化过程中土地利用的动态变化过程进行定量化分析。基于景观生态学理论，选取景观格局指数，以郑州市行政中心为辐射原点，向外建立环形梯度带，分析郑州市景观格局演变和梯度变化规律，揭示响应城镇化发展的郑州市格局演变特征，为下一步探索景观格局演变与城市暴雨径流之间的响应机制奠定基础。

## 1.2.3　景观格局对暴雨径流过程的影响机制

解译研究区遥感数据，结合郑州市土壤类型分布图、历史降雨数据等，构建郑州市水文模型——SCS 模型，对各特征年的暴雨径流进行模拟分析。基于景观格局动态变化和暴雨径流动态模拟，分析土地利用方式、土壤类型、前期土壤湿润程度等下垫面因素，以及降雨因素对降雨-径流关系的影响，重点分析土地利用格局的变化对暴雨径流的影响。

### 1.2.4 基于内涝灾害防控的雨洪安全格局构建

首先，基于 GIS 水文分析模块，提取郑州市的潜在径流网，评价河流水域的安全空间。其次，综合运用 SCS 水文模型和 GIS 空间分析方法，绘制不同频率暴雨发生时的淹没区范围，确定极高风险、高风险、中风险、低风险淹没区空间定位。最后，对潜在径流、淹没斑块的安全等级评价图进行叠加分析，构建"径流廊道+淹没源区"的雨洪生态安全格局网络。

### 1.2.5 可持续雨洪管理的城市空间发展策略

以雨洪生态安全格局评价图为依据，判别出对城市雨洪过程具有重要作用的关键区域和位置，确定宏观尺度下土地利用生态管控策略，提出不同洪涝风险等级区域的结构优化发展方向。根据不同景观格局下的水文响应，判别不同土地利用类型对雨水径流的调蓄作用，以低影响开发理论为指导，参考低影响开发的技术实践，提出控制各类型土地径流量的措施。最终形成一个自上而下的，从宏观的土地利用格局控制到微观的不同土地利用类型的雨洪调蓄技术设施的综合性发展策略。

### 1.2.6 提升雨洪灾害管理水平的政策建议

以郑州市为例，基于"预防—备灾—响应—恢复"的全过程理念，从灾前准备、临灾预警、灾中处置和灾后恢复四个方面对郑州市雨洪灾害应急管理能力进行评价，明确郑州市雨洪管理的短板和原因，总结出提升郑州市雨洪灾害管理水平的优化建议。结合河南省现状，提出适合河南省雨洪管理的普适性建议。

## 1.3 研 究 目 的

本书所作研究的目的在于：把握河南省雨洪灾害的特点，具体如雨洪灾害发生的空间分布、强度大小、时间频度、人员伤害、经济损失、产生原因等特征。了解河南省（主要是郑州市）雨洪灾害"预防—备灾—响应—恢复"的全过程管理现状，并根据郑州市雨洪应急管理能力的评价结果，明确郑州市雨洪管理的重点，提出切实可行的、科学的雨洪管理建议（包括管理体系、管理规范、管理法制、管理预案等），并在此基础上进行应用推广，提出普适性的城市雨洪灾害管理建议。

化解区域尺度下的城市雨洪灾害，不是城市排水管网建设或城市绿地营造等微观层面上的城市建设和管理问题，而是整个流域尺度的综合性问题，必须调整土地利用格局，使人类活动影响下的水文循环与自然环境相协调。本书的研究对象为包括所辖县级市的整个郑州市域。郑州的快速城镇化进程始于 1992 年，于 2004 年进入加速发展期。作为国家中心城市和"一带一路"重要节点城市，其城镇化水平将高达 80％ 以上。随着城市化水平的不断提高，郑州城市水问题也随之凸显。尤其是近年来，郑州市在雨季几乎逢雨必淹，解决郑州市雨洪灾害问题已刻不容缓。城镇化的直接表现是土地利用方式、数量、景观格局的变化，其对雨洪灾害的影响机制和后续发展中如何构建雨洪安全的景观格局是本书研究的重点。探讨土地利用结构和降雨—径流过程之间的关系，构建区域景观格局优化模型，提出基于雨洪安全的景观结构优化策略，以期为城市可持续土地利用规划提供可操作性的实用指引。通过研究景观格局与降雨径流的关系，论证土地利用数量和结构的变化对水文过程的重大意义，为两者之间的耦合研究提供重要的补充。根据景观格局潜在的生态学特性，建立基于雨洪安全管理的未来土地优化发展模式，为城市规划提供有益的参考，为实现城市水生态文明提供理论支持。

# 第 2 章

# 文 献 综 述

## 2.1 核 心 概 念

雨洪是由较大强度的持续降雨而形成的洪水，同时引起江河水位急剧上升的现象。雨，即指降雨；洪，即指积水和洪水。降雨到达地面后，一部分被植物表面拦截，一部分直接被土壤吸收，一部分留蓄在地表的凹地或洼地内，剩余部分形成地表径流。雨水沿地表流动，最后汇集到沟道和河流中即为暴雨水，也称雨洪（stormwater)[6]。

景观格局包含两方面的概念：一是景观的概念，二是格局的概念。景观是指土地及土地上的空间和物体所构成的综合体，是复杂的自然过程和人类活动在大地上的烙印。格局的概念来源于景观生态学，指的是空间格局，即斑块和其他组成单元的类型、数目以及空间分析与配置等[7]。景观格局是大小和形状不一的土地利用斑块体在空间上的排列。

2005 年，俞孔坚教授提出了基于生态学基础的生态安全格局理论，特别是在生态安全格局理论框架下首次提出有关水的安全格局问题。他认为作为生态安全格局重要组成部分的水安全格局问题，应受到充分的重视和深入的研究。随后，俞孔坚教授应用水文模型和地理信息系统的空间分析功能对 1985—2007 年北京地区洪水、地表径流等自然发生过程进行了计算机模拟和数据分析，并根据模拟结果和分析结论构建了北京市的雨洪安全格局模型[8]，为加强北京地区生态安全奠定了基础。作为水安全格局中重要组成部分的雨洪安全格局，主要聚焦于城市内涝灾害问题。其解决城市内涝问题的基本思路就像大禹治水用疏不用堵一样，强调寻找处理城市内涝的综合性、多目标、整体化的与自然环境更加协调的一体化方案，走可持续发展之路而不是仅依靠传统的工程措施来与水对抗[9]。因此，判别洪水过程的关键性控制位置、区域和空间联系成为构建雨洪安全格局的核心。

## 2.2　景观格局定量化分析

景观格局是指各种自然因素和人为因素在一段时间内通过持续不断地作用于各类型土地，而在空间上形成的大小不一、形状不同的斑块体排列[10]。而对其进行量化分析，目的就是要研究现有景观格局的形成机制以及影响景观格局现状的主要因素[11]，在无序的景观要素（斑块体）排列过程中发现能有效控制排列的有序规律。因此，景观格局定量化分析是深入研究景观格局和生态过程内在规律的基础。

从研究内容上来看，景观格局定量化分析强调的是景观格局的时空变化，其要研究的首要问题是土地利用的空间变化规律和时间变化规律。而从研究方法上来看，针对土地利用的空间变化问题也即景观格局空间异质性特征问题，主要采用的研究方法是景观格局指数分析法和格局空间统计特征比较法。土地利用的时间变化问题也即景观格局的动态演化趋势问题，是以具有代表性的时间节点上的景观空间特征为研究基础，分析这一特征在时间维度上的动态变化趋势特点。目前，主要采用土地实地调查、历史遥感解译制图等工具来获取某一时间节点上的景观空间特征，在此基础上使用地理信息系统的空间分析功能以及马尔可夫（Markov）转移矩阵法对不同时间节点上的空间特征进行动态化处理，从而揭示出目标区域的景观空间信息的变化趋势。

### 2.2.1　景观格局指数分析法

景观格局指数分析主要研究景观斑块（景观组分）的主要特征，即从空间尺度、时间尺度和梯度样带等角度，研究景观斑块的类型种类、数量结构以及空间配置等方面的主要特征[12]，从而概括出目标区域的景观格局主要信息。目前，该方法已经在农业、森林、湿地、城市以及区域流域等不同类型斑块的景观格局优化研究中广泛使用[13]。

针对不同时空尺度下的特定类型斑块的景观格局定量化研究已有大量成果。Paudel 等[14] 在研究 1975—2006 年美国明尼苏达州南部的双城大都市区（Twin Cities Metropolitan Area）的景观格局动态变化趋势特征时，运用景观格局指数和 GEOMOD 模型分析取得了较好的研究结论；Ji 等[15] 在研究区设置空间梯度带，通过梯度带上景观指数的变化分析美国威斯康星州戴恩县（Dane County）城市化过程中景观格局的时空动态变化；Luck 等[16] 用同样方法研究了美国凤凰城都市区（Phoenix Metropolitan Area）的城市化发展规律。这些研究成果均表明，景观格局的梯度分析、时空变化分析更能揭示景观格局与生态过程的相互作用。近年来，我国多地区出现的生态环境预警受到学者的关注，有学者通过对景观空间格局的变化研究，以期找到城市化发展和生态环境问题之间的影响规律[17]。另外，针对大城市景观格局动态变化的定量化研究，有助于认识大城市的城市发展规律和规划的合理编制。

#### 2.2.1.1 景观格局指数的分类

渗透理论、岛屿地理学理论等新理论在景观生态学中的应用越来越多，导致景观格局指数的数量也越来越多。目前学术界对景观格局指数的分类还没有一个统一的标准。邬建国从景观空间异质性结构出发，将景观格局指数分为斑块个体、斑块类型和斑块景观三个水平指数[12]。从景观格局指数反映的信息类型出发，可将景观格局指数分为八大类，即面积、周长、边缘类指数，形状指数，核心面积指数，邻近度指数，对比度指数，分散度指数，连接度指数和多样性指数[18]。从景观构成和格局特征出发，可将景观格局指数分为四大类，即反映景观规模的指数、反映景观形状的指数、反映景观复杂性的指数、反映景观空间距离特征的指数[19]。

#### 2.2.1.2 景观格局指数的选取

景观格局指数众多，研究者需要根据所研究的对象、问题、尺度等有目的地选取景观格局指数。如 Gong 等通过选取 $PD$、$MNN$、$AWPFD$ 这 3 个指数探讨了深州市林地景观破碎化的规律和原因[20]；Zhang 等选取了 16 个景观格局指数，并将选取的景观格局指数分为两大类，利用移动窗口法研究上海都市区的城市景观格局[19]。景观格局指数自身存在局限性，大部分指数是从几何学角度解释景观组分的空间特征，并未反映景观格局和生态过程之间的关系[21-22]。但是，景观格局指数分析仍然是目前较常用的景观格局定量化分析的工具之一[23-24]。有的学者通过研究，证明景观格局指数与某特定生态过程的相关性，如斑块的连接度、斑块密度、边界密度和形状指数与水环境质量之间存在显著相关性[25-26]。另外，有的学者根据研究需要，构建出新的景观格局指数，如刘小平等为了研究 1988—2006 年东莞市城市景观动态变化趋势特征，构建了能够分析两个或多个时相景观格局动态变化信息的景观扩张指数[27]；陈利顶等基于洛伦茨曲线理论，构建了能够综合考察景观格局的面状特性和点状监测数据的景观空间负荷对比指数[28]；傅伯杰等在考虑地形、土壤等影响因素的基础上，应用尺度转换方法建立了多尺度景观格局评价指数[29]；路超等选择面积密度、边缘形状等因素，构建了分析城市典型山地丘陵区的山东栖霞三维景观格局指数[30]，极大地丰富了有关景观格局指数体系的理论研究。

#### 2.2.1.3 景观格局指数的计算

借助计算机软件可以方便快捷地取得景观格局指数，例如目前最常用的是 Fragstats 软件。Fragstats 软件可以计算 3 种尺度下 8 种类型共 59 个景观格局指数[31]。研究者可先确定要获取的景观格局指数类型，然后将 Grid 格式图像导入软件，设置好相应的参数，就能获取研究者需要的景观格局指数数据。

#### 2.2.1.4　景观格局的尺度差异

景观格局研究中的尺度主要包括空间方面的幅度和粒度、时间方面的幅度和粒度两个方面四个内容。空间幅度和空间粒度分别指研究对象在空间上的范围和最小可辨识单元，也即遥感影像的最大分辨率或像元大小。时间上的幅度是指研究对象在时间上的持续范围，时间上的粒度是指某一现象发生的频率或时间间隔。景观格局的尺度效应是指当空间幅度或粒度发生改变时，景观格局特征也随之改变的现象[32-33]。有研究表明，目标地区景观格局的遥感影像分辨率和地区空间范围对结果均有显著影响[34-38]。所以选取不同的研究尺度时，景观格局定量化分析反映出的景观格局和过程既有相同的特征也存在显著差异。

### 2.2.2　格局空间统计特征比较法

在景观格局优化问题研究中，常常出现不同斑块之间缺乏明显边界的问题。原因在于研究对象的景观格局在空间分布上具有连续性的相互作用以及扩散效应[39]。通常，某一地区景观格局的空间结构都会具有显著自相关的分布特征。因此，理论界常使用研究地区的空间统计特征来揭示其景观格局演变的时空规律。曾辉等在研究城市化进程速度效应时，采用了空间自相关分析法研究了深圳市龙华地区的空间自相关特征[40]。Li 在研究美国得克萨斯州萨瓦纳地区的景观格局动态演化过程时，采用了分形几何学方法这一空间统计特征分析理论的前沿方法[41]。结果表明：景观格局的梯度变化可以更好地解释该区域生态过程的变化趋势。

### 2.2.3　马尔可夫转移矩阵法

由于景观格局的基本要素之间存在不可观察的随机性相互转化，需要一种可靠的工具来描述要素随机变化的基本过程。马尔可夫转移矩阵模型就是一种能够较好处理随机过程的理论模型，它能够很好地处理景观格局基本要素之间随机变化的速度和方向。其特点是可以刻画一阶自相关的随机过程，即系统在 $T+1$ 时刻的状态只与系统 $T$ 时刻的状态有关。由于目前研究目标地区景观格局的分析数据常常来自该地区在不同时刻或时点上的遥感资料以及调查监测数据，因此，马尔可夫转移矩阵模型可以较好地处理这些随机变量的阶段性（不同时刻或时点上的）样本数据。张明在研究榆林地区不同沙漠斑块之间以及沙漠斑块和其他斑块之间的随机转化过程时，采用马尔可夫转移矩阵方法取得了较好的研究效果。史培军等[42] 运用最大似然法和概率松弛法，构建了研究深圳市 15 年间土地利用变化过程的马尔可夫转移矩阵。陈浮等[43] 应用地理信息系统的空间叠加功能，构建了研究我国广西南宁马山县 11 年间土地利用变化过程的马尔可夫转移矩阵。田光进等[44] 在构建马尔可夫转移矩阵基础上，应用分维度方法分析了海口市 15 年间土地利用变化过程。Pan 等应用马尔可夫转移矩阵分析了加拿大魁北克霍撒兰地区（Hant-Saint-Laurent）36 年间的土地利用变化过程[45]。马尔可夫转移矩阵在有关景观格局动态变化趋势问题的相关研究中得到了广泛的应用，但是，由于其只能处理一阶自相关的景观格局斑块动态变化随机过程，其应用范围存在一定局限。

#### 2.2.4　评述

综合上述文献，从目前主流的有关景观格局定量分析的三种方法来看，研究对象都是景观斑块的特征信息，但是不同方法研究的侧重点不同。首先，各类型景观格局指数分析法从几何学角度研究了不同景观斑块的空间物理特征，侧重于分析景观斑块的几何特征；其次，格局空间统计特征比较法侧重于静态分析相邻空间分布上具有不同几何特点的景观斑块；最后，马尔可夫转移矩阵法则从动态分析的角度，刻画了特定类型景观斑块向其他类型景观斑块动态演化的趋势过程，揭示了具有不同几何特点的景观斑块之间相互转化的随机过程特征信息。可见，现有的景观格局定量分析主要关注不同景观斑块具有的不同空间物理特征信息，而忽视了景观斑块分布信息与生态过程之间的关系。

## 2.3　景观格局动态变化的水文响应

景观格局的定量分析通常是借助景观格局指数的计算和表达，以至于催生了越来越多的景观格局指数。但是，景观格局指数方法忽视了对生态过程的考量。进入 21 世纪以来，理论界十分关注景观格局与生态过程的耦合问题[46]，提出了基于"格局-过程-尺度"的现代景观生态学研究范式。特别是应用水文模型来研究景观格局动态变化过程中的水文现象和水文过程。

#### 2.3.1　水文模型

为了研究景观格局动态变化过程中的水文现象和水文过程，就需要建立能够模拟研究地区所在流域水文过程的水文模型。概念性水文模型是指基于计算机模拟技术和数学表达式，根据流域水量平衡原理而将复杂的水文现象和水文过程经概念化后给出的描述流域降雨径流的数学函数模型。这一模型使用水文现象的物理概念和经验性数学公式对流域的各个水文过程进行概念化，再结合经验性水文公式来近似模拟流域水流过程，形成全流域的水量平衡计算体系[47]。目前，概念性水文模型被普遍分为集总式模型和分布式模型。本书使用的是基于栅格的 SCS 水文模型。

##### 2.3.1.1　集总式水文模型

一般而言，集总式水文模型的特点在于使用外生的单一参数反映研究流域的空间特征。因此，应用集总式水文模型时，通常要忽略具有空间异质性的水文过程影响因素，事先确定模型的率定参数并对这一参数进行验证。从而导致使用该模型时虽然可以达到一定的模拟精度，但无法解释事先确定的率定参数的物理意义。具有代表性的集总式水文模型主要有：RHES 模型、XAJ 模型、TANK 模型、新安江模型等。

### 2.3.1.2　分布式水文模型

为了克服集总式水文模型使用外生单一参数定义流域空间特征但缺乏相关理论支撑的缺陷，学术界提出了分布式水文模型。这一模型的优点在于使用具有概率分布的随机参数替代集总式水文模型的外生参数，通过构造基于流域内降雨空间分布和下垫面要素空间分布的随机参数来考察降雨和下垫面要素对洪水的影响。因此，分布式水文模型的随机参数具有明确的物理含义，可以通过水介质移动的连续方程和动力方程来确定模型参数，进而使用基于水循环动力学机制的偏微分方程来描述和模拟流域水文过程。可见，通过使用严格的数学物理方程表达研究区域水文循环的各个子系统变化过程，分布式水文模型可以更加准确详尽地刻画研究对象的流域内真实水文过程。可以研究包括水土流失、面源污染、气候变化、陆面过程等方面的水文响应问题，更好地分析土地利用情况。由于分布式水文模型的随机参数取决于基于研究流域的数学函数的模拟结果，因此，便于在无实测水文资料的地区推广应用[48]。典型的分布式水文模型包括：SWAT 模型和 GSSHA 模型等[49-50]。

### 2.3.1.3　基于栅格的 SCS 模型

为了核定自然灾害对农业产量的影响，美国农业部提出了 SCS 产流模型[51]。该模型结构简单、参数单一，同时所需研究对象的水文特征资料较少，而且模型可以较好地反映不同土壤类型、土地利用方式和土壤含水量等因素对流域产流的影响。正是基于这些优点，传统的 SCS 产流模型是一种应用十分广泛的集总式水文模型。

虽然传统的 SCS 产流模型因其模型特征而具有较高的适应性和应用性，但其不能考察流域内降雨空间分布和下垫面要素空间分布，对大尺度流域水文过程的模拟精度也不高[52]。为了克服这些不足，通过将分布式水文模型的基本思想应用于传统的 SCS 产流模型，构建基于栅格的 SCS 分布式产流模型，即在单元栅格上使用传统 SCS 产流模型而在整体上采用分布式产流模型，形成局部上的单一参数模型、整体上的随机参数模型。这样不仅可以提高模型的模拟精度，还可以获得分布式的流域产流结果。

### 2.3.2　景观数量结构变化的水文响应

随着水文模型的理论发展和广泛应用，越来越多的学者开始尝试使用分布式水文模型处理流域尺度下景观斑块的数量结构变化对水文过程的影响问题[53-54]。因此，流域尺度生态水文过程的计算机模拟问题成为理论界的热点问题。郝芳华等在研究洛河上游卢氏水文站流域的土地利用覆盖变化对产流和产沙的影响时，使用基于地理信息系统的 SWAT 模型模拟分析了土地利用变化对年产流量和产沙量的影响[55]；贺宝根等通过修正前期损失量和径流曲线数两个指标，修正了传统的 SCS 模型，并使用修正后的模型研究了农田非点源污染中的降雨径流关系[56]；袁艺、史培军使用基于栅格的 SCS 模型对布吉河流域的土地利用变化对城市化流域暴雨洪水汇流过程的影响进行了模拟，重点分析了土地利用状况、土壤前期湿润程度以及暴雨强度等因素[57]。周自翔在研究延河流域退耕还林政策实施前后土地利用变化特征时，尝试构建了可以耦合景观格局和水文过程的水文响应单元（hydrological response unit，HRU），分析了 HRU 的空间格局特征[58]。

### 2.3.3　评述

综上所述，借助景观格局指数表征的景观格局无法与雨水产汇流过程产生联系，难以模型化。集总式水文模型、分布式水文模型、基于栅格的 SCS 模型等水文模型可以将土地利用数量结构变化与雨水产流过程进行联系，从而揭示景观数量结构变化之于水文过程的响应机制。由于对生态过程这一复杂现象的理解还十分粗浅，很难将其直接模型化，从而无法很好地耦合现有的景观格局分析方法[59]，反映出理论研究的需要和现有理论工具的不匹配。另外，由于缺乏流域尺度的面上生态过程观察数据，缺乏宏观尺度上的径流、泥沙等试验数据，从而无法深入研究诸如水土流失、非点源污染等景观格局斑块对土壤侵蚀等生态过程的影响作用机理[60]。想要揭示景观斑块的空间配置与水文过程之间的响应仍然是学术界的难题之一。

## 2.4　景 观 格 局 优 化

1990 年以来，随着城市规模的不断发展，人们越来越重视土地利用规划问题。为了实现人、城市与自然的和谐发展，有效控制"大城市病"，学者们开始尝试进行景观生态规划研究，并取得了较好的理论成果和较多的应用成果，为景观格局优化问题的研究奠定了理论基础。而随着计算机能力的飞速提升，计算机模拟技术得到了极大改善，这就为景观格局优化问题的研究奠定了技术基础[61-62]。

景观格局优化理论认为景观格局决定了生态过程的产生和变化，而生态过程能反过来调整和维持现有的景观格局。因此，景观格局优化理论需要首先确定生态过程与景观格局之间的相互作用与影响机制。通常是通过历史测量数据来实证研究这两者之间的数量关系并借助计算机模拟技术建立景观格局变化模型，定义景观格局优化标准。通过调整生态过程模拟系统的各项斑块特征参数，以达到土地利用最大化目标。

因此，景观格局优化是从景观生态学的角度出发来研究土地如何合理利用的问题。其主要内容包括景观生态规划理论研究、景观格局与生态过程关系研究、景观格局对生态功能的影响研究，以及优化途径的方法研究[62]。

## 2.4.1 数量优化

在数量结构上对土地利用进行优化的方法很多，多采用不同的数学模型，比较有代表性的是线性规划法、灰色线性规划法、多目标线性规划法以及系统动力学模型等。

### 2.4.1.1 线性规划法

线性规划法是处理受约束条件下目标对象最优化的一种数理方法，是以目标对象的最优化为基础，根据目标对象实现最优化时所需要满足的极值条件，反向推导出最佳的资源投入方案[63]。因此，线性规划法主要用于解决在资源有限的前提下，如何对有限的资源进行最佳的组合与利用，以便在现有技术条件下，最大程度发挥资源的组合效益，以获取目标对象的最优结果。通常可以将决策者希望达到的经济或社会目标设定为目标函数，决策者的目的是在实际条件约束的前提下，实现目标函数的极值，即极大值或极小值。实际条件是指在目标实现的过程中，决策者面临的实际外部和内部限制因素，主要包括投入目标实现过程中的人、财、物等各种资源的实际状态，通常用一组不等式或等式来表达。在多因子景观格局优化问题中，该方法取得了较好的应用效果。吴淑梅等在研究徐州市大吴镇采煤塌陷区土地利用的最优化问题时，在综合考虑用于耕地保护以及林地保护的土地数量增加量为约束条件的前提下，采用保持用地平衡的原则，提出以经济总产值最大化为目标的基于线性规划模型下的土地利用结构优化问题[64]。通过求解该线性规划模型，为大吴镇采煤塌陷区的土地利用结构找到最优方案，使该地区的土地资源得到了最佳的利用，提高了该地区土地资源使用效率。

然而，线性规划法本身具有无法求解的内在缺陷，由于实际问题的复杂性所导致的研究者错误设定模型，以及研究者对约束条件的测量不尽准确，都有可能导致所建立的线性规划模型在求解时出现无解。为了解决这一问题，研究者常常被迫对约束条件进行调整，甚至多次重复进行，从而导致调整后的模型与研究的初始目的相背离，无法完全满足研究目标最初的优化要求。为了解决这些导致结果产生严重偏差的人为影响，保证规划结果自成体系，杨晓勇等在基于传统线性规划方法的土地利用优化模型的基础上，提出了基于混合整数线性规划方法的土地利用优化模型，较好地解决了上述问题[65]。

### 2.4.1.2 灰色线性规划法

线性规划法除了有时会导致无解的问题之外，它还是基于目标对象所处的某一时刻，利用约束条件截面数据进行数学极值化处理的一种静态分析方法。

无法处理目标对象连续变化过程的最优化问题描述与分析,同时也无法刻画约束条件的连续变化过程,因此不具有随时间变化的动态分析能力[66]。为了解决传统线性规划模型无法处理动态变化过程的缺陷,理论界提出了灰色线性规划方法。此方法将目标函数和约束条件中的常数系数以及约束条件的固定取值范围等限定性常量调整成可变的灰数,使得模型可以刻画目标函数、约束条件的动态变化过程,从而使传统的线性规划模型可以处理研究对象的跨期最优化决策问题。换言之,通过在传统线性规划模型中引入灰色系统论方法,灰色线性规划法根据研究目的的需要,可以将一个或多个与动态分析对象有关的系数确定为灰的[67],或者改变目标函数取极值的设定形式,不再取极大值或极小值而其设为从灰区间上取相对值的形式。因此,灰色线性规划方法既可以处理约束条件的变化,也可以处理目标函数的变化。根据研究对象的不同变化而取不同的优化结果,在此基础上,可以得到多种优化方案以供选择。从这一角度来看,灰色线性规划方法是一种动态线性规划模型,弥补了传统线性规划只能处理静态问题的缺陷,解决了传统线性规划方法无法处理的动态优化问题。刘玉民等[67]在研究四川省凉山彝族自治州宁南黄土高原区的土地利用结构最优化问题时,采用了以经济收入区间最优化设定为目标函数的灰色线性规划法进行分析,认为可以通过调整宁南黄土高原区的农业、林业和畜牧业之间的用地结构来减少本地区的水土流失,从而达到最优化土地利用的目的。王月健等[68]在研究新疆维吾尔自治区巴音郭楞蒙古自治州轮台县的土地结构优化问题时,针对目标函数的变系数问题,采用灰色线性规划法解决该问题。即使用灰色预测法确定目标函数变系数的动态时序特征,在此基础上,使用传统性规划法提出了轮台县土地结构利用的最优化方案。

当函数中的约束条件发生改变时,灰色线性规划方法可以在变化条件中寻找最优结构,同时,灰色线性规划方法还能处理最优结构的变化问题。在研究南京市郊北城圩农场的土地利用规划最优化问题时,李兰海等[69]通过应用最优控制理论,建立了基于灰色系统的资源优化配置动态模型,取得了较好的研究成果。采用灰色线性规划方法,但承龙等[70]解决了江苏省启东市土地利用结构最优化问题,康慕谊等[71]对陕西关中地区展开研究,解决土地资源优化配置问题。

### 2.4.1.3　多目标线性规划法

线性规划方法本身具有目标唯一性的内在缺陷,不能处理多目标最优化问题。而灰色线性规划法也只能处理单目标主体的最优化问题,虽然可以描述和处理动态变化过程分析,但仍然缺乏处理空间差异性问题的能力,无法解决多目标最优化问题。土地利用优化的目标具有多样性,如发展经济、自然环境保护、区域开发等,各目标的侧重点不同,各方利益也是相互制约的。单目标地进行土地结构优化不能满足规划及实践需要，多目标优化模型越来越受到重视，并成为土地利用优化配置研究中的主要方法之一。1968 年，Johnsen 撰写了关于多目标优化模型的研究报告，这也是多目标决策研究的最早专著[72]。最早将此模型应用到土地利用研究领域的是加拿大的一个评估小组。随后，多目标优化模型被越来越多地应用到土地利用结构优化研究中。该模型的核心是建立目标函数和约束条件，对优化模型进行求解，从所有可能的方案中选择出最优的方案。Gabriel 等[73] 采用多目标优化模型，优化美国马里兰州蒙哥马利郡的土地利用结构。Sadeghi 等[59] 在流域尺度上，利用多目标优化模型，以土壤侵蚀最小化和经济效益最大化作为目标对土地利用进行优化配置。多目标优化模型在土地利用数量优化过程中需要制定主导目标，一般选择较容易量化的经济效益为主导目标，而对于某些面临严重生态问题的区域，如土地退化严重、水资源污染等区域，则较难用可量化的指标作为优化目标。有学者曾提出用"碳平衡"[74]、森林覆盖率[75]、"生态绿当量"[76] 等作为生态效益的量化条件，但这些指标尚不能适用于所有区域。缺乏合理有效的约束指标直接影响模型的应用，也影响构建科学的土地利用生态安全格局。另外，基于土地利用数量结构的优化研究，得到的是针对土地类型数量配比的结果，并不能确定各类土地类型在空间中的布局形式，这无疑限制了规划实践过程中的应用。因此，考虑空间格局的动态机制，能够对各土地类型不仅在数量上进行优化，而且进行空间布局上的分配，将成为景观格局优化的主要发展趋势，也将大大提高可操作性。

**2.4.1.4　系统动力学模型**

受经济、社会和政府政策等因素的影响，土地利用需求是不断变化的，这就要求土地利用规划的目标设定和方案要不断调整。系统动力学（system dynamics，SD）模型是动力学模型的一种。此模型是在控制论、系统论和信息论的基础上发展而来的[8]，通过规划目标与规划因素之间的因果关系建立信息反馈机制，模型运行的模式和运算结果关键在于模型基于因果关系设定的模型结构而非参数值的输入值。系统动力学模型考察在不同情景下的动态变化，找到接近规划目标的规划模式，具有动态性和模拟性。在系统论的原理上，通过分析各组成因素对土地结构的响应机制，构建基于土地利用结构优化的系统动力模型，并运用此模型从宏观上模拟不同的土地利用情景。涂小松等[77] 曾运用 SD 模型对江苏省无锡市的土地资源进行优化研究，得出优先发展经济模式和优先保护生态模式的两种土地配置战略。运用系统动力学模型，杨莉等[78] 对黔西县土地利用结构数量变化进行仿真模拟。

建立 SD 模型首先要对模拟系统有充分的了解和研究，在复杂的土地系统中梳理出因果反馈机制，而在因果关系不明确时，该模型具有局限性。目前已使用的系统动力学模型仅对简单的土地利用结构进行模拟。基于模型运行可行性的考虑，需要给影响土地结构的各因子附加上很多理性假设，而这些理性假设能否保证模拟结果的真实有效，值得探讨。土地利用系统中相互联系的各要素组成一个复杂的系统，反馈机制的复杂性和时空滞后性都是限制系统动力学的因素之一。没有明确因果关系的反馈机制，系统动力学模型将无法使用。另外，该模型的结果仍是对土地利用数量上的优化，缺少土地利用空间布局的可视化结论。

### 2.4.2　空间优化

传统的数学模型通常无法处理景观格局优化问题，原因在于数学模型通常无法刻画和描述景观的空间分布和景观的数量配置这两个因素的静态特征和动态趋势，而景观的空间分布和景观的数量配置这两个因素是决定景观格局优化效果的主要变量。可喜的是，基于计算机平台的空间分析，特别是 GIS 技术的出现为人们提供了很好的解决办法。

#### 2.4.2.1　基于生态学理论的概念模型

维持生态系统结构和过程的完整性，保护和恢复生态多样性，对景观格局的整体进行优化是基于生态学理论的概念模型的核心。建立概念模型的方法是调查研究生态因子，分析景观格局与功能之间的一般规律，通过设计关键的点、线、面对景观空间分布进行调整。比较有代表性的土地利用模式有德国生态学家 Haber[79] 提出的土地利用分异战略（differentiated land use，DLU）和美国哈佛大学教授 Forman[80] 提出的 "不可替代格局" 和 "集聚间有离析"（aggregate with outliers）的最优景观格局模式。

土地利用分异战略是以区域自然单位为主题，评价区域自然单位中不同区域对环境的敏感程度，识别出对环境影响最敏感的地区和最有保护价值的地区。在评价过程中，重视区域自然单位中各生境之间的空间联系，但具体到分析层面缺乏有效的分析方法。Forman 提出的 "不可替代格局" 的主要思想是：任何景观规划应有一个基础格局，面层次上，要有几个大型的自然植被斑块保证水源涵养等功能；线层次上，要有足够宽度的廊道联系水源和物种；点层次上，保持小型的自然斑块和廊道，维持区域的景观异质性。Forman 提出的 "集聚间有离析" 是在之前的 "不可替代格局" 的基础上发展而来的。这种概念也被认为是生态学意义上最优的景观格局模式[80]。"集聚间有离析" 的主要思想是：保留大型自然植被斑块，因为大型自然植被斑块具有涵养水源、保护生物等不可替代的意义；自然廊道便于物种间的运动联系；大斑块内保留小的自然斑块，满足景观异质性，维持生态多样性，分担风险；边界上设置过渡带，降低边界阻力。在实际操作过程中，首先，进行背景分析，充分研究区域的自然人文属性和景观空间配置；其次，评价和识别具有关键生态作用的地段；再者，明确生态环境和社会经济发展的具体目标；最后，确定基于目标的空间格局配置调整方案，并落实到规划设计中。

国内外学者应用该理论，以流域为研究对象，通过构建水文模型、非点源模型等模拟景观格局变化之于水文过程的影响，找到满足要求的景观格局[81-83]。He[84] 开发了 GIS 和农业面源污染模型相结合的新模型——AVNPSM 模型，土壤、气候、数字高程数据、土地利用/覆盖等作为模型输入值，模拟不同强度暴雨事件下的土地利用变化对水质、地表径流的影响。Huang 等[85] 在麦肯齐盆地（Mackenzie Basin）建立多目标规划模型，研究气候变化条件下的土地资源管理适应性规划途径。Wei 等[86] 在研究石羊河流域景观格局优化配置问题时，使用了由 Knaapen 在 1992 年提出并经俞孔坚等修改的最小累积阻力模型，取得了较好的效果。关文彬等[87] 研究指出，在构建局部地区生态安全格局时，关键途径是恢复与重建该地区的景观生态。孙立等[88] 在对北京市自然保护区进行景观格局优化分析的基础上，提出了"三区二带"规划理念。王伟霞等[89] 提出应从生态园区和生态廊道两个方面来研究生态空间的安全格局。

### 2.4.2.2 元胞自动机模型

由于对土地利用格局优化问题的研究涉及空间和时间变化等许多不可忽略、不可控制的因素，有学者开始将这一问题看作一类典型的复杂系统问题。国内外学者在研究复杂系统时提出了元胞自动机（cellular automaton，CA）模型。该模型通常由元胞、元胞状态、邻域和状态更新规则四个要素构成，是一种可以模拟复杂系统时空演化过程的动力学模型。元胞自动机模型的优势在于，将复杂的、全局的系统利用简单的、布局的规则来描述和定义。近年来，许多研究土地利用格局优化问题的文献应用了元胞自动机模型。它的优点是可以模拟所研究土地单元上的景观随时间变化的动态演化过程，使土地单元具有可视化的时空演变特征。将土地单元设定为元胞状态，从而可以让人们观察到，有初始条件限制的研究期限内，土地利用格局的动态变化过程，并通过动态演化结果作出土地未来发展的情景预测[90-91]。Mathey 等[92-94] 通过在基本的元胞自动机模型中优化时间和空间目标，构建了具有协调演化能力的元胞自动机模型，为研究土地利用格局优化问题提供了很好的理论工具。刘小平等[95] 通过将 GIS 测度的实证数据与元胞自动机模型相结合，为土地可持续利用问题提供规划。杨小雄等[96] 通过将广西壮族自治区防城港东兴市真实环境理论抽象为政策性、适宜性和继承性等方面的一系列约束条件，构建了研究东兴市土地利用规划布局的基于元胞自动机原理的仿真模型。王汉花等[97] 提出将多目标线性规划与元胞自动机模型相结合，提出了研究土地利用优化配置问题的 MOP - CA 方法模型。

虽然，元胞自动机模型具有模拟研究对象时空动态过程的优势。然而，它仍存在很多缺点。首先，作为建立元胞自动机模型的基础，主要取决于研究初期影响研究对象的微观因素以及这些微观因素之间的相互作用应满足的主要规则，而不考虑研究对象在研究初期面临的宏观条件。导致应用元胞自动机模型研究区域生态安全格局问题时，只关注小尺度上的景观各组分、不同景观类型、斑块及廊道等微观因素，而常常忽视影响生态格局的大尺度上的诸如区域景观地块的社会、经济等宏观因素。其次，作为应用元胞自动机模型效果好坏的关键是有关如何处理"转换规则"，包括规则的选择标准、规则的使用方式、规则相互之间的逻辑关系以及规则在整个研究期间的可变性分析等方面。而理论界对元胞自动机模型的"转换规则"体系应遵循的基本原理，还没有形成统一的认识。"转换规则"的内涵不清、缺乏准确定义是元胞自动机模型最大的不足。为了解决这一缺陷，学者们常常使用其他方法来定义规则。比如应用神经网络方法、遗传算法、模糊数学或蒙特卡罗模拟等理论方法来定义模型中的规则。此外，元胞自动机模型的"转换规则"问题还与所研究的问题有关。当应用元胞自动机模型研究区域生态安全格局问题时，模型潜在含义认为人类主体虽然重要但并不影响模拟结果。因此，在分析研究对象周围环境对异质主体的作用时，模型使用"转换规则"这一客观事物来定义这种作用，而事实上则是由"人类决策"这一主观事物来决定的。这就导致模型假设与实际情况之间存在显著差别，从而加大了模型模拟结果发生偏误的概率。特别是当"转换规则"与"人类决策"不一致时，模型模拟的结果必然与事实不相符合。事实上，已有研究表明，人类行为对元胞自动机模型的效率有显著的作用。因模型中无法固定人类行为的位置，已设定的邻域关系也不能定义真实情况下的空间关系，导致出现空间导向问题[98]。最后，使用元胞自动机模型效果的好坏还依赖于所研究的区域生态安全格局问题所选择的空间尺度大小。在目前的理论研究中，如何确定合适的空间分辨率也是学者们需要进一步研究的重要理论问题，从而解决不同尺度下元胞自动机模型的元胞、元胞状态、邻域和状态更新规则等四个要素的差异问题。

### 2.4.3　综合优化

随着计算机技术的应用，尝试把数学模型法与 GIS 结合，运用综合优化法把各优化模型有机结合，综合各种模型的优点，既满足土地利用的数量优化，又同时得到空间格局的优化配置。CLUE‐S 模型和集成模型是综合优化中具有代表性的两种方法。

#### 2.4.3.1　CLUE‐S 模型

为了解决上述模型在空间尺度大小方面的局限，荷兰学者 Verburg 等[99] 在 CLUE 模型的基础上提出了 CLUE‐S 模型，以解决区域尺度上的土地利用优化问题。该模型假定某区域土地利用分布格局变化取决于该区域土地需求，并与自然环境、社会经济发展等因素处于动态平衡状态。重点研究土地利用变化的关联性、竞争性、等级特征和相对稳定性。因此，CLUE‐S 模型主要是综合分析土地利用的空间分布概率适宜图、变化规则和初期分布现状图的基础上，对土地利用需求进行空间分配。主要包括两个连续步骤：第一步计算由土地需求驱动因素导致的土地利用类型数量的需求预测，第二步将计算的需求预测结果分配到研究区的空间位置上，即非空间模块和空间模块。值得一提的是，基于系统论方法的 CLUE-S 模型能够对不同土地类型的变化进行同步模拟。Verburg 等[99] 运用 CLUE-S 模型与宏观经济模型 GTAP、综合评估模型 IM-AGE 对 2009—2039 年的欧洲土地利用格局变化进行了多尺度的模拟计算，并提出了土地利用格局优化配置的相关方案。陆汝成[100] 将 CLUE-S 模型与马尔可夫（Markov）模型、GIS 方法相融合，提出了基于 GIS 方法的 Markov-CLUE-S 模型，优势在于模型可以对土地利用格局进行时空优化。

尽管研究土地利用格局优化问题时，CLUE-S 模型可以通过控制时间参数[101] 和空间参数[102] 多尺度模拟研究对象，但是其模拟效果的有效性仍存在许多有待提高的方面。首先，CLUE-S 模型将"土地利用数量需求"作为外生变量引入模型中，无法解释"土地利用数量需求"指标的合理性和有效性，从而导致模型的理论基础薄弱、模拟的情景设定存在困难。其次，CLUE-S 模型没有考虑不同土地利用类型间的相互作用。土地利用格局优化问题作为一类典型的复杂系统问题，具有典型的自组织特性。而不同土地利用类型间的相互作用是土地利用变化自组织过程中的重要影响因素，从而导致 CLUE-S 模型在有关土地利用变化模拟的过程中，不能很好地模拟研究对象的自组织特性。最后，CLUE-S 模型模拟预测的结果受许多影响因素的影响，而许多重要的影响因素难以被模型所刻画，从而无法纳入 CLUE-S 模型对土地利用格局优化问题的研究。

### 2.4.3.2　集成模型

通过上述分析可以看到，在研究土地利用格局优化问题时，任意单一的理论模型都存在自身的不足。因此，通过合适的方法将不同的模拟综合起来运用、最大化应用各种模型的优点避免其缺点，就成为理论界的理性选择。特别是基于计算机运算能力飞速提升的诸如神经网络、模拟退火、遗传算法等现代数学方法和地理信息系统（GIS）的理论方法创新与发展，使得学者们可以综合运用各种模型来处理研究土地利用格局优化问题时遇到的各种具体问题。何春阳等[103] 在研究中国北方 13 个省份的土地利用格局优化问题时，通过融合元胞自动机模型（CA 模型）和系统动力学模型（SD 模型），构建了土地利用格局优化动力学模型（LUSD 模型）。

邱炳文等[104] 通过将多目标线性规划模型、灰色预测模型、地理信息系统技术以及元胞自动机模型（CA 模型）相结合，构建了能很好处理宏观的土地利用需求与微观的土地利用适宜性的 GCMG 模型。其他学者通过将地理信息系统技术与其他有关水利、环境、数字仿真模拟方法和模型相结合，构建了各种模拟区域生态安全格局的理论模型。Voinov[105-108] 采用模块设计方法，提出了景观生态模型（patuxent landscape mode，PLM）和景观演化模型。Allan 等[109]采用缓冲区设计方法，提出了小流域水质保护土地利用格局优化模型。Seppelt 等[110]针对美国 Hunting Creek 小流域内的化肥污染问题，采用地理信息系统技术和景观空间分异模型，提出了土地利用空间配置模型。Aerts 等[111]采用模拟退火算法来解决高维的土地利用空间优化问题。徐昔保等[112]通过将地理信息系统技术、元胞自动机模型和遗传算法等方法和技术相融合，构建了 ULOM 模型。杨励雅等[113]提出了基于土地和人口约束的、以交通结构优化为目标的土地利用形态组合优化模型，其特点是，在综合应用现代数字仿真模拟算法的前提下，在传统的土地利用格局优化模型中引入了动态惩罚函数，较好地刻画了人类决策的逻辑过程。

### 2.4.4　评述

目前，学术界有关景观格局优化的相关理论主要分为数量优化、空间优化和综合优化三个方面。

景观格局的数量优化主要包括线性规划法、灰色线性规划法、多目标线性规划法以及系统动力学模型等方法。其中，线性规划法本身主要存在可能无解、无法进行动态分析和目标单一的缺陷；灰色线性规划法虽然可以描述和处理动态变化过程分析，但仍然缺乏处理空间差异性问题的能力，无法解决多目标最优化问题；多目标线性规划法的主要问题在于部分目标难以量化、无法考虑空间布局形式；没有明确因果关系的反馈机制，系统动力学模型将无法使用。同时，系统动力学模型的结果仍侧重数量优化，而忽视了空间布局优化问题。

景观格局的空间优化主要指概念模型和元胞自动机。虽然元胞自动机方法具有模拟研究对象时空动态过程的优势，但仍存在许多不足，首先，该方法常常忽视影响生态格局大尺度上的诸如区域景观地块的社会、经济等宏观因素及空间分辨率。其次，决定元胞自动机模型效果好坏的"转换规则"存在内涵不清问题，缺乏基本理论基础且与"人类决策"不一致。

景观格局的综合优化主要包括 CLUE－S 模型和集成模型两种方法。虽然CLUE－S 模型可以通过控制时间参数和空间参数多尺度模拟研究对象，但是其模拟效果的有效性仍存在许多不足。而所谓的集成模型就是将上述方法中的两种或多种进行组合来最大化应用各种模型的优点，但这一方法缺乏自身的理论基础和框架，没有建立模型的统一标准，很难系统化、理论化和标准化。

# 2.5　国内外雨洪管理的研究进展

经过国内外学者的研究和长期的实践积累，形成了系列性的雨洪管理理论、方法、技术和法规机制等。发达国家对城市雨水管理的研究始于 20 世纪 70 年代，其中有代表性的是美国的最佳管理措施、低影响开发、绿色基础设施和英国的可持续城市排水系统、澳大利亚的水敏感性城市设计等[114]。我国的雨洪管理研究相比发达国家起步较晚，近年来，逐渐重视相关领域的理论和政策研究[1]，从城市规划层次、城市建设领域、城市管理方面进行了积极探索。

### 2.5.1 基于最佳管理措施的雨洪管理

最佳管理措施（best management practices，BMPs）最早由美国于 1972 年提出。最佳管理措施不同于以"雨水快排"为核心的传统措施，而是注重保障水质、补充水资源和解决生态问题等综合方法。可将其分成两大类：一是通过渗透设施、雨水湿地、雨水池塘、生物滞留和过渡设施等技术手段控制和减小暴雨径流；二是通过规划设计以及政策手段预防雨洪灾害。

### 2.5.2 基于低影响开发的雨洪管理

20 世纪 90 年代，低影响开发（low impact development，LID）技术在美国马里兰州普林斯乔治县（Prince George's County）率先实施。美国国家环境保护局（U. S. Environ - mental Protecion Agency，USEPA）对低影响开发的定义是：在新建或改造项目中，结合生态化措施在源头管理雨水径流的理念与方法[115]。低影响开发理念的核心是通过相关的雨洪管理措施和场地适用技术，模拟开发前的场地水文条件，使场地的生态系统功能与开发前的生态系统功能接近或一致[116]。低影响开发是将水文过程看作一个整体，用分散的微观层面的措施和技术引导降雨入渗，对雨水的源头进行控制，其目的是既要保证场地活力，又要以最小的负面影响恢复场地原有的生态功能。低影响开发不同于传统雨洪管理，不使用昂贵的工程措施，通常借助景观元素经济高效且稳定地解决雨水系统综合问题。

曾有学者做过低影响开发和常规设计在雨水水文上的差异比较。Cheng 等在乔治王子县的马里兰地区进行了实地的水文监测实验，根据实验的数据反馈，场地在低影响开发情景下的峰值径流量明显降低，也推迟了降雨的峰值出现时间[117]。实践证明，低影响开发技术应对小降雨事件效果显著，被证明用于场地尺度下的城市更新或旧城改造类项目有效。但是，场地尺度扩大到流域尺度后，分散型的低影响开发设计难以控制流域的雨洪输出，并没有可借鉴的成功案例[118]。另外，低影响开发的雨洪管理措施应对大暴雨或特大暴雨的能力不足。

### 2.5.3 基于绿色基础设施的雨洪管理

绿色基础设施（green infrastructure，GI）的概念由美国规划协会于 20 世纪 90 年代提出。GI 是指由绿色廊道、湿地、公园、森林保护区、自然植被区等开放空间及自然区域组成的相互关联的网络[119]。绿色基础设施在雨洪控制和改善水环境方面具有重要地位。绿色基础设施的适用尺度跨度较大，小到绿色屋面、渗透铺装、生物保留与制备种植等技术在社区尺度下的应用，大到滨水生态廊道、湿地、雨洪调蓄地、雨洪公园、绿道等多元化有机联系，以解决区域层面的雨洪管理问题。绿色基础设施既包括工程性的，也包括生态性的，根据尺度大小、当地水文现状及场地条件，因地制宜地选择合适的绿色基础措施，能有效控制径流、减少城市内涝灾害，达到多元化、多目标的效果。

绿色基础设施（GI）和低影响开发（LID）有共通之处，但低影响开发往往面向微观尺度，而绿色基础设施更强调在较大尺度下运用大型湿地、绿色廊道等方法替代传统的灰色基础设施[120]，以达到控制区域暴雨径流，恢复水文系统和生态系统良性发展的目标。

### 2.5.4　基于可持续城市排水系统的雨洪管理

可持续城市排水系统（sustainable urban drainage systems，SUDS）由英国于 20 世纪 90 年代建立。可持续城市排水系统改变"快排"式的传统排水系统，成为维持水循环的可持续的排水系统。在设计时要综合考虑水质、水量和水景之于人的景观价值。因此，SUDS 不仅仅是解决排水的问题，而是通过综合措施解决水生态循环的问题。这就要求可持续城市排水系统在设计时，要综合考虑雨水到达地面之后的全过程，采用工程措施或景观元素控制好雨水源头，在雨水的整个管理链上做好消减、控制和再利用。

### 2.5.5　基于水敏感性城市设计的雨洪管理

水敏感性城市设计（water sensitive urban design，WSUD）的概念最早由澳大利亚在 20 世纪 90 年代提出。WSUD 的字面定义为基于水循环敏感性进行城市的规划设计。水敏感性城市设计强调将城市水循环看作一个整体，用整体分析方法将雨洪管理和城市规划设计相结合，实现防洪、生态恢复和为居民提供游憩场地的多重目标[121]。水敏感性城市设计理念的关键原则是：保护溪流、湿地等现有的自然特征，保护水质，通过场地调蓄措施减少径流和洪峰流量，实现了雨洪管理与城市景观、文化、生态的多重效益。有学者比较了水敏感性城市设计的效果，如 Singh 等对比应用水敏感性城市设计前后的海湾水质情况，发现水敏感性城市设计方法可以改善水质，能减少海湾的沉积物和营养物；水质提高后，逐渐恢复的生态系统也有利于场地活力的提升[122]。在监测的位置点，水敏感性城市被证明在减少径流、控制流速、提高水质等方面有效，而放大到流域尺度下，水敏感性城市设计的有效性尚无研究报道[123]。另外，WSUD 实践中往往需要具有下渗调蓄功能的大量土地，仅这一点来讲，人地关系紧张的城市就难以保证，WSUD 的成本高昂也限制了它的推广实践。

### 2.5.6　基于土地利用规划的雨洪管理

土地利用的改变带来的流域下垫面的改变是水文过程受到侵扰的主要原因之一。基于土地利用规划的雨洪管理的核心思想是分析土地利用变化对流域水文过程的影响，通过判别雨洪管理之于土地利用的阈值，明确土地利用发展规划的策略[124-126]。基于土地利用规划的雨洪管理不同于传统工程性的减灾模式，它是建立在土地利用与雨洪管理的双向影响机制上的非结构性的减灾方法。土地利用规划可在以下四个方面提升土地的雨洪承灾能力：第一，通过土地利用规划改变土地类型的配比和分布，从而减少径流生成、促进雨水渗透，改变径流峰值[127-128]；第二，通过改变流域下垫面组成和分布改变雨洪淹没范围和风险分布[129]，影响不同重现期暴雨发生的频率，提升土地对应雨洪灾害的抗压力；第三，通过保护湿地、维持河流生态系统、营造低碳城市空间、发展低强度农业等措施改善生态功能[130-131]；第四，土地利用规划可重点关注易淹区的发展模式，提高社会经济韧性。

土地利用规划通过土地类型的组成配比和分布两个因素影响水文过程，目前的研究侧重于对水质的影响，对控制水量的研究相对有限[132-133]。改变流域土地利用的配比是否能有效实现流域的雨洪管理，有学者做了对比分析。Yeo 等学者通过建立俄亥俄州老太太河（Old Woman Creek）流域的土地利用变化模型和水文模型，模拟不同土地利用模式下的降雨-径流过程，对比分析不同土地利用格局之于洪水峰值流量的变化，最终划定基于雨洪安全的关键区，明确特定地点的土地利用指导方针，实现最佳的土地利用模式[134]。

### 2.5.7 基于海绵城市理论的雨洪管理

海绵城市（sponge city）一词最初被形象地用来比喻城市对周边农村人口的吸附效应[135]，这一概念最早是由澳大利亚学者提出的。在我国水危机的大背景下，越来越多的学者在积极探索解决城市水生态问题的系统方案。我国学者俞孔坚、李迪华在《城市景观之路——与市长们交流》一书中，最早使用了"海绵"这一词汇，书中用"海绵"比喻城市自然湿地系统和河流水网对雨洪水的调蓄能力[136]。近些年，"海绵城市"成了景观学、城市规划等行业的热门话题。住房城乡建设部于 2014 年 10 月正式公布了《海绵城市建设技术指南——低影响开发雨水系统构建》（简称《指南》）。《指南》的发布标志着海绵城市建设上升到了国家决策层面。《指南》对海绵城市的定义如下：城市能够像海绵一样，在适应环境变化和应对自然灾害等方面具有良好的"弹性"，下雨时吸水、蓄水、渗水、净水，需要时将蓄存的水"释放"并加以利用[137]。

"海绵城市"的构建是跨尺度跨地域的系统性问题，目标是解决不同尺度上的水生态环境问题。因此，不能把海绵城市建设理解为解决雨水利用和管理的微观尺度问题，不能仅仅关注雨水利用的设施。"海绵城市"是基于宏观、中观、微观三个层面的综合体系。宏观层面上，"海绵城市"重点分析城市水生态安全格局，并落实在土地利用总体规划和城市总体规划中[4]。在宏观把控阶段可借助景观安全格局方法，判别对于水源保护、洪涝调蓄、生物多样性保护、水质管理等功能至关重要的景观要素及其空间位置，围绕生态系统服务构建综合的水安全格局。中观层面上,重点研究如何有效利用规划区域内的河道、坑塘,并结合集水区、汇水节点分布,合理规划并形成实体的城市海绵系统,并落实到土地利用控制性规划甚至是城市设计中。微观层面上,"海绵城市"着眼于具体的海绵体,包括公园、小区等区域和局域集水单元的建设,这一尺度涉及具体的城市雨洪管理绿色海绵技术及生态系统修复技术等。

### 2.5.8　评述

综上,国内外的雨洪管理视角都从专注"快排"式的传统排水系统转向可持续的综合系统。基于最佳管理措施的雨洪管理注重保障水质、补充水资源和解决生态问题。低影响开发措施往往关注微观尺度,其对小降雨事件效果显著,但应对大暴雨或特大暴雨的能力不足。绿色基础设施更强调在较大尺度下运用大型湿地、绿色廊道等方法控制区域暴雨径流,恢复水文系统和生态系统良性发展。可持续城市排水系统和水敏感性城市设计都强调综合考虑水质、水量和水景观价值等措施实现水生态循环、城市设计等综合问题。基于土地利用规划的雨洪管理通过调整土地类型的组成配比和分布这两个因素,影响水文过程,但目前的研究主要侧重于对水质的影响方面。

"海绵城市"是具有国际语境的城市雨水管理理念的中国化表达。"海绵城市"是基于宏观、中观、微观三个层面的综合体系。宏观层面上,"海绵城市"重点分析城市水生态安全格局。中观层面上,"海绵城市"重点研究城市的河道、坑塘、集水区、汇水节点等实体的城市海绵系统。微观层面上,"海绵城市"着眼于具体的海绵体的海绵技术及生态修复技术。

## 2.6　小　　结

总之,截至目前,学术界针对景观格局优化的理论研究经历了三个阶段。第一个阶段是从最初的相关属性定性分析发展到基于模型的景观格局定量化分析。第二个阶段是从借助景观格局指数计算和景观格局的定量化分析到关注景观格局与生态过程的耦合关系,提出了基于"格局-过程-尺度"的现代景观生态学研究范式。特别是应用水文模型来研究景观格局动态变化过程中的水文现象和水文过程。利用基于栅格的 SCS 模型等水文模型,来研究景观格局动态变化过程中的水文现象和水文过程,初步将土地利用数量结构变化因素与雨水产流过程进行联系,从而揭示景观数量结构变化之于水文过程的响应机制。第三个阶段是前两个阶段的扩展和深化。运用综合优化法把各优化模型有机结合,既满足土地利用的数量优化,又同时得到空间格局的优化配置。

然而,由于研究水平的不足、研究标准的模糊以及研究尺度的有限,针对景观格局优化的模型研究还需要进一步完善。首先,景观格局优化理论缺乏扎实的理论基础。本质上看，对景观格局进行优化，需要全面认识和理解景观格局与生态过程的相互作用机理，而这两者之间的作用机理十分复杂。目前对景观格局与生态过程相互作用机理的研究还处于探索阶段，很少有文献研究景观格局优化设计的基础理论。而学术研究对这一基础理论认识的匮乏导致处理景观格局优化问题的各种模型缺乏理论基础的支撑。因此，近年来景观格局优化主要是基于土地适宜性分析的宏观层面的线性规划。其次，景观格局优化问题的研究依赖于学者对什么是最优景观格局问题的主观价值判断，不同的学者进行景观格局优化研究的目标不同，格局优化过程中的评价标准难以统一，致使景观格局优化方案的设计缺乏客观的实践标准。此外，景观安全格局的优化还取决于真实模拟自然生态变化过程，但是不同生态过程的安全阈值不同，制约因子多变，致使难以准确判别关键性的景观格局。最后，目前进行的景观格局优化研究，通常只能在风景名胜区、自然保护区等较小尺度上进行，而很难从区域级尺度上开展诸如调整景观组分之类的相关研究。

# 第 3 章

# 河南省雨洪灾害管理概述

## 3.1 河南省既往雨洪灾害

河南省交通便利、人口众多，是我国重要的工农业生产和商业发展基地，在我国经济社会发展全局中占有重要的地位。河南省位于黄河中下游，地跨淮河、长江、黄河、海河四大区域，属暖温带—亚热带、湿润—半湿润季风气候。冬季寒冷雨雪少，春季干旱风沙多，夏季炎热雨丰沛，秋季晴和日照足。河南省地势西高东低，山地与平原间差异比较明显。年平均降水量为 500～900mm，南部及西部山地较多，大别山区可达 1100mm 以上。河南省降水量的时间分布很不均匀：53% 的降水分布在 6—8 月，7 月最多，为 169.7mm，占全年的 23%；12 月最少，只有 11.6mm，仅占年降水量的 1.6%。河南省因处于南北气候、高低纬度和海陆三种过渡带的重叠地区，属于地球上典型的孕灾环境地带。由于其特殊的地理位置，河南省一直是气象灾害多发的省份之一。暴雨灾害在众多气象灾害中尤为突出，是河南省最主要的气象灾害。暴雨洪涝会造成房屋损坏、农田被淹、道路交通受阻，常会带来人员伤亡，给国民经济和人民生命财产造成严重损失[138]。

每年的 6—8 月是河南暴雨频发的月份。造成极端降水事件的气象学原因是副热带高压季节性北抬和南落以及低涡切变线和台风。河南省曾发生的有代表性的特大暴雨分别在 1958 年、1975 年、1982 年、1996 年和 2021 年。1958 年的 7 月，黄河山陕区间和三门峡到花园口干、支流区间连降暴雨，此次洪水的特点是洪峰高、水量大，来势猛、含沙量小、持续时间长[139]。

1975 年 8 月 5—7 日在河南南部淮河上游发生了罕见的特大暴雨。暴雨中心的 1h 和 6h 降水量创中国历史最高纪录。这次暴雨导致超过 2.6 万人死亡，直接经济损失达百万元[140]。1982 年 7 月底至 8 月初，三门峡至花园口干支流区间普降暴雨和大暴雨。本次暴雨致使 200 多亩耕地受淹，超 90 万人受灾[140]。1996 年 8

月 5 日，黄河中游降大到暴雨，花园口站出现 7600m$^3$/s 流量的洪峰，出现有记载以来的最高洪水位。本次洪灾严重程度超过 1958 年、1982 年等大洪水年份[141]。

2021 年 7 月 17—22 日，河南省出现历史罕见的极端强降水，最大累计降水量高达 1122.6mm，郑州国家站最大 1h 降雨量达 201.9mm。此次暴雨的强降雨中心位于郑州、鹤壁、新乡、焦作和安阳等地，该五地市的累计平均降水量 408~623mm。最强时段为 19—21 日，19 日夜里至 20 日强降雨中心位于郑州，21 日北移至豫北的鹤壁、新乡、焦作和安阳等地。暴雨过程具有持续时间长、累计雨量大、强降雨范围广、短时雨量极强等特征。全省 1/6 国家站日降雨量突破历史极值，郑州最大小时降雨量突破我国内陆气象数据小时降雨量历史极值。极端强降雨及次生灾害导致郑州、鹤壁、新乡、安阳等城市发生严重内涝，一些河流、水库出现超警水位和保证水位，贾鲁河、卫河部分河段出现漫堤溃堤，致使一些农田和村庄被淹，部分铁路停运、航班取消，造成了严重的灾害损失。全省因灾死亡失踪 398 人，其中郑州市 380 人，新乡市 10 人，平顶山市、驻马店市、洛阳市各 2 人，鹤壁市、漯河市各 1 人。郑州市因灾死亡失踪人数占全省的 95.5%。河南省共有 150 个县（市、区）1478.6 万人受灾，直接经济损失 1200.6 亿元，其中郑州 409 亿元，占全省 34.1%。

## 3.2  河南暴雨的特点及形成机制

河南省降雨量的季节和区域分布极不均匀，暴雨具有强度大、突发性强、次生灾害严重等特点[142]。从暴雨的地区分布看，河南暴雨多集中在豫南、豫东地区。受纬度位置及距海平面距离不同的因素影响，暴雨中心集中在太行山东南侧、伏牛山东侧及南侧和桐柏山东侧，特别是在喇叭形山口处或东南、西南向的上坡区。对比多年的地区暴雨强度数据，伏牛山东侧和南侧、太行山东侧和南侧以及桐柏山、大别山沿淮河干流地带，豫东的永城、民权，豫中的西平、新蔡，豫北的濮阳、长垣等地，多次成为日暴雨量在 200mm 以上的特大暴雨中心。研究这些地区的地形地势特点发现，它们大多为山丘的迎风坡喇叭形山口地区或属于平原的沙土、沙丘裸露地区。例如，历史上曾经出现的 1958 年 7 月 16 日的垣曲暴雨和 1975 年 8 月 6 日的驻马店暴雨，就是典型的例证。从暴雨发生的年际时间看，新中国成立后至 2000 年出现在 1951 年、1954 年、1956 年、1957 年、1958 年、1963 年、1964 年、1967 年、1968 年、1975 年、1982 年、1984 年、1985 年、1991 年、1998 年、1999 年、2000 年。这些年份大多都在太阳活动周期的增强期。河南暴雨出现的季节为每年的 3—11 月，以 6—9 月较多，集中在 7—8 月。此间淮河南岸暴雨总次数占全年的 50%。从暴雨量看，全省自南向北，随纬度增加，暴雨量呈现逐渐减少的趋势。豫南地区暴雨量的年际平均值在 400mm 以上，豫中、豫西地区的暴雨量年际平均值在 250mm 以上，而豫东及豫北平原的暴雨量年际平均值为 200mm 左右。河南全省境内的暴雨平均降水强度为 60～90mm/d。相对而言，豫中、豫东及豫北地区的平均降水强度高于全省平均值，为 90mm/d 以上。

热带、副热带高压的增强是河南暴雨形成的一个重要原因。河南地处东亚的中纬度，距黄海和孟加拉湾较近，地理位置与海陆热力性质差异的影响，形成了暖温带大陆性季风气候。每年 6 月，随着太阳直射点的北移，北印度洋的热带高压或西太平洋的副热带高压，常常把海洋的暖湿气流送到河南，与较干冷的极地大陆气团相遇，形成锋面，出现降水，受强对流或山丘的特殊地形影响，形成暴雨。1963 年 8 月，郑州—石家庄一带出现暴雨，中心地区 6h 降雨量比常年同期多 7～10 倍，就是东南季风携带大量水汽，向西北运行时，被太行山抬升形成的。每年夏季，随着东南季风登陆的台风，在伏牛山、太行山前转向时，受西北山地及下沉冷气团的逼迫，台风被抬升，也常形成特大暴雨。1956 年 8 月伊洛河流域的暴雨以及 1975 年 8 月洪汝河上游的特大暴雨都是这样形成的。

裸露地表沙土、岩石，局部受热，形成不稳定气团中的强对流，也导致暴雨。河南是人口大省，随着社会的进步、经济的发展，人类活动加剧，在豫南、豫西山丘地区因开矿、采石、建渠、修路、砍柴、放牧，导致植被毁坏，森林覆盖率不足 20%。草场缩小，荒山岩石沙土暴露；豫北、豫东沙岗地林草也渐渐稀少。全省 40% 的地表水土流失严重，以太行山前、豫西黄土坡及伏牛山东侧丘陵区最为突出，平均水蚀模数为 0.06 万～0.15 万 t/(a·km²)。地表石化、沙化的结果，使江河上游涵养水源能力大减，山丘、沙地夏季受太阳暴晒，局部地表温度骤升，对流强烈，常生成暴雨[143]。

豫西、豫北山丘走向和暖湿气流运行方向垂直，且这些山丘上有不少喇叭形山口，这种特殊的地形，极易酿成暴雨。豫北西部的太行山、中条山，豫西的崤山、熊耳山、外方山、伏牛山和桐柏山，走向分别为东北—西南向、西北—东南向，和东南、西南来的暖湿气流垂直交叉，暖湿气流受高气压推动沿坡爬升。在驻马店市区西，板桥水库附近，山的迎风坡山地坡度为 0.02，当山前地面偏东风速为 4～8m/s 时，可产生 20～30cm/s 的上升速度，为暴雨形成提供了极为有利的条件。又受地质构造的制约，太行山与桐柏山之间，形成了济源、孟津、宜阳、新郑、禹州、临汝、鲁山、方城、驻马店等地的喇叭形山口，当暖湿气流沿山坡快速爬升，又在喇叭口处辐合时，上升速度加快，常成云致雨，形成大的暴雨中心。1975 年 8 月初，洪汝河、沙颍河上游的暴雨就是在驻马店等地喇叭形山口处形成的。方城附近的尚店 5 日 14 时至 6 日 2 时，12h 降水 549.3mm；驻马店市上蔡县附近，6 日 14 时至 7 日 16 时降水 758.6mm；7 日 12 时至 8 日 8 时，驻马店确山县附近的林庄降水 971.9mm。这些地区 1h、

1～3 天的降水极值均突破了我国大陆现有的观测记录[144]。

# 3.3　河南省雨洪灾害管理现状

1997 年我国颁布实施《防洪法》。根据《防洪法》和《防汛条例》的规定，我国的防汛工作执行各级人民政府行政首长负责制。由各级政府负责领导本区域防洪工作，水行政主管部门负责防洪的组织、协调、监督、指导等日常工作，其他有关部门按照各自的职责，负责有关的防洪工作。我国现行的洪水灾害风险管理体制主要指防洪工程管理体制和防汛应急管理体制两部分。防洪工程管理体制主要负责工程体系建设、运行与维护等，防汛应急管理体制主要负责设计汛期合理的调度运用[145]。至 2018 年 6 月，全国有 31 个省、自治区和直辖市已全面建立河长制，通过将最高权威落实到各级政府的主要领导并强化考核问责，加强横向整合和纵向联动，明确落实河湖管理责任，实现了从突击式治水向制度化治水的转变。2022 年《水法》确立了我国实行流域与区域管理相结合的水资源管理机制，并明确划分了相关管理机构的职责权限，促进了我国流域管控的实施。

## 3.3.1　应急管理措施

雨洪灾害的应急措施是基于应急相应分级而制定的应急相应行动。雨洪灾害的等级依据严重程度和波及范围，分为特别重大、重大、较大和一般灾害。针对每个级别的雨洪灾害等级，灾害应急相应行动共分为 I 级、II 级、III 级、IV 级共四级。各级防汛抗旱指挥部在进入汛期时实行 24h 值班制度，全程跟踪雨情、水情、工情、灾情，并根据不同情况启动相关应急程序[143]。

2020 年 7 月，河南省防汛抗旱指挥部办公室修订的《河南省防汛应急预案》获批并向公众公开。预案中明确了河南省防汛组织指挥体系及职责，即由河南省防汛抗旱指挥部负责领导，组织及协调全省防汛工作，县级以上政府负责本行政区域防汛工作，有关单位可根据需要设立防汛指挥机构。河南省防汛抗旱指挥部在河南省应急管理厅下设省防汛抗旱指挥部办公室，在河南黄河河务局下设黄河防汛抗旱办公室。省防汛抗旱指挥部负责领导、组织、协调全省防汛工作，及时掌握全省雨情、水情、汛情、灾情，指导做好洪水调度工作，组织实施抗洪抢险，灾后处置和有关协调工作。

预案中明确了洪涝灾害的分级标准，以及相应分级和应对原则。按照洪涝灾害事件的严重程度和影响范围，洪涝灾害事件分为一般（IV 级）、较大（III 级）、重大（II 级）和特别重大（I 级）四级。依洪涝灾害等级制定了针对性的应急响应行动。例如，当出现特别重大洪涝灾害时，省防汛抗旱指挥部要组织成立 11 个职能工作组，在省防汛抗旱指挥部中心集中办公，并根据抢险救灾工作需要，设立前方指挥部，组织、指挥、协调、实施洪涝灾害现场应急处置工作。《河南省防汛应急预案》在预防和预警机制方面，以及抢险救援处置、应急保障、善后工作等方面都进行了详细的计划部署。

### 3.3.2　恢复重建规划

雨洪灾害发生地政府统筹负责恢复重建工作，并应根据灾情立即编制恢复重建规划，尽快恢复社会秩序，尽快修复遭暴雨损毁的交通、水利、通信、供水、排水、供电、供气、供热等公共设置。郑州在 7·20 水灾后，立即启动编制了《河南郑州等地特大暴雨洪涝灾害灾后恢复重建总体规划》（简称《总体规划》），目前该总体规划已经国务院同意批准。国务院要求河南省人民政府全权负责灾后重建工作，必须落实好灾后恢复重建规划，落实好相关政策，促发展、惠民生。依据《总体规划》编制灾后恢复重建重点领域的专项规划，省人民政府要加强领导和统筹协调，并要求涉及的市、县级人民政府制定切实的灾后恢复重建实施方案，如期完成各项恢复重建任务。《总体规划》实施涉及的重要政策、重大工程、重点项目按程序报批。

### 3.3.3　落实资金支持

灾后，城市交通、电力、水利、通信、建筑等基础设施的重建恢复需要大量资金的支持。原则上，由上一级政府根据实际情况对下一级政府提供资金、物资支持和技术指导，并组织其他地区提供支援。通常的做法是，由河南省应急管理厅组织评估小组到受灾地核定倒损破坏情况，对因灾倒损房屋、基础设施等进行评估。以河南省政府或者河南省应急管理厅、财政厅名义向国务院或应急管理部、财政部报送拨付因灾倒塌、损坏住房重建补助资金的请示。根据评估结果，确定资金补助方案，及时下拨中央和省级自然灾害生活补助资金，专项用于各地因灾倒房恢复重建。

另外，省级相关部门可根据洪涝灾害损失情况，出台支持受灾地社会经济和有关行业发展的优惠政策。

### 3.3.4　损失补偿机制

雨洪灾害损失补偿主要通过以下三种方式：第一是来自国家财政的援助，比如国家财政部门专设的特大防汛抗旱补助金、水利建设专用基金等；第二是社会上的援助，比如公众捐款或机构组织的捐赠等；第三是商业保险公司提供的损失补偿。

## 3.4　郑州市雨洪灾害应急管理现状

### 3.4.1　"一案三制"体系

郑州市气象灾害应急预案是应急管理体系的基础，是提高处置突发公共事件的能力，最大限度地预防和减少突发公共事件及其造成的损害，保障公众的生命财产安全，维护国家安全和社会稳定，促进经济社会全面、协调、可持续发展的基本保障依据。制定应急预案应按照统一领导、分级负责、条块结合、属地为主的原则，同地方人民政府和相关部门应急预案相衔接。编制完成了《郑州市气象局气象灾害应急预案（试行）》，在实际工作中也发挥了很好的作用。应对气象灾害，必须有相应的应急管理体制和机制。为此，要建立应对管理机构，构建起完备的应急管理体系和运作机制。郑州市气象局建立应急领导小组、应急管理办公室、应急响应的专业技术人员队伍和移动气象台应急队伍，并制定了相应的运行机制、运行流程和管理办法等，适时开展应急演练。随着社会发展，依法管理越发重要。要把应对突发事件纳入法规化、政策化的轨道，通过制定相关法规和政策，不断完善应急管理机制；要采取坚强有力、高效灵活的应急管理方式，强化管理手段，进一步发挥应急职能，并采取及时而灵活的应急措施。目前的法律依据主要是《气象法》《突发事件应对法》《国务院办公厅关于进一步加强气象灾害防御工作的意见》《国家突发公共事件预警信息发布系统可行性研究报告》。

### 3.4.2 气象灾害监测系统

从 1954 年 10 月 1 日建立郑州观象台开始，人工每天四次地面观测，1955 年 1 月 1 日使用四九型探空仪器，增加高空观测。1984 年 4 月 25 日高空观测和 1986 年 1 月 1 日地面观测、1989 年 1 月 1 日辐射观测开始使用计算机，使高空观测和地面观测繁杂的计算发生了第一次质的飞跃，1988 年卫星单收站投入业务使用，2000 年 10 月建设郑州市静止气象卫星中规模利用站，使台站接收的气象信息资料大大增加，对提高天气气候预报预测准确率起到了巨大的促进作用。2004 年 1 月郑州及下辖县市国产自动气象站 2007 年新一代天气雷达和安装使用，同时并入全国新一代天气雷达网和自动气象站网。2004—2005 年郑州建成 106 个乡镇自动雨量站，2007—2008 年共建 12 个 4 要素自动气象站，组成郑州区域观测站网。根据《河南省突发气象灾害预警信号发布办法》，气象灾害预警信号分为暴雨、雷雨大风、冰雹、大雾、大风、道路结冰、雪灾、寒潮、沙尘暴、高温、低温类，将预警信号的级别依据气象灾害可能造成的危害程度、紧急程度和发展态势一般划分为四级，分别为一般、较重、严重、特别严重。市气象台站坚持小时业务值班制度，当监测或预报有灾害性天气或重要天气时，应急值班人员会及时将气象信息送达当地政府领导及防汛等有关部门，并通过短信、电视等各种手段向社会发布预警信号。

在灾害性天气发生前，气象部门都作出了较为准确的预报，但气象预报不等于灾害预报，也不等于灾害预警。受气象科学技术发展水平制约，以及缺乏道路、电力、交通等专业气象监测的历史数据和相关信息，对这种极端灾害性天气可能造成的经济社会影响预评估和相应的预警不充分、不到位。尽管气象部门正在完善公共气象服务体系，也实行了灾害性天气预警信息向社会公众的免费发送，但目前使用最方便、最快捷的方式仍是手机短信，而由于没有整合社会资源，仅靠气象部门的短信平台系统发送，能力极为有限，影响信息通畅传递。

## 3.5 郑州市雨洪灾害管理的重点

城市雨洪灾害应急管理是一个复杂的系统，涉及多个学科与部门，在各部门共同应对暴雨内涝灾害过程中，暴露出应急管理的种种问题。在当前形势下加强对郑州及河南其他城市内涝的应急管理研究，降低灾害带来的损失和影响，已成为亟待解决的难题。

2021 年 7 月发生在河南郑州的雨洪灾情，虽属极端天气引发，但也集中暴露出郑州市在应对暴雨内涝灾害时应急管理方面存在的诸多问题和不足。

### 3.5.1 应急处置能力

2014 年之后，郑州市的城镇化率达 68.3％以上，进入国际公认的城镇化加速发展的关键阶段。然而，随着区域性中心城市进程的加快，郑州市区对气象灾害的敏感程度增加、脆弱区增多，急需精准预警及应急机制。

郑州 7·20 暴雨灾害之所以造成这么大的人员与财产损失，原因之一是郑州市的城市内涝预警机制还不够完善、高效。气象部门一般均能在暴雨发生前进行较为准确的天气预报，然而天气预报并不等同于灾害预报，也不等同于灾害预警。完整的灾害预报应包括对城市交通、水利、电力、通信等基础设施的灾情预警，对极端暴雨天气可能造成的经济社会影响的预估，对有效应急措施的预判。7·20 水灾，气象部门以手机短信的方式对社会公众发送了免费的天气预报信息，并没有对灾害可能导致的基建设施损毁和人身危险进行提前预警，导致有"预"无"警"的情况[146]。因此，将灾害性天气预报与灾害预警混淆，缺乏统一权威高效的预警发布机制。即使相关部门发布了暴雨信息，但是由于应急管理体系不完善，中间环节缺少研判及措施部署，市民不能快速及时得到准确的预警信息，造成市民受众面小，对灾情引不起足够的重视，所以在很多情况下并没有发挥警示作用。

### 3.5.2 应急响应联动机制

城市暴雨内涝应急管理涉及多个部门，也需要多部门间相互协调配合，但是相关部门分属于不同的系统，由于缺乏针对城市暴雨内涝的应急联动平台，不利于形成整体合力。预警与响应联动机制不健全，哪个部门响应、如何响应不明确，郑州这次灾害在连发 5 次红色预警的情况下才启动一级响应，错失了最佳救援部署时机，导致灾难发生。当城市暴雨内涝灾害发生时，多个部门之间必然会进行反复的沟通协调，由于信息传递不及时也势必会降低工作效率，以致错过抢险救灾的最佳时机，造成难以估量的损失。

### 3.5.3　应急管理预案

《郑州市防汛应急预案》虽然已经进行了多次修订，但是随着城市化和社会经济的不断发展，预案内容依然存在不足。在这次灾害中突出表现为应急预案实用性不强，多以出现严重后果为启动条件，往往启动偏晚，不符合习近平总书记提出的"两个坚持、三个转变"防灾减灾救灾理念。"两个坚持"，即坚持以防为主、防抗救相结合；坚持常态减灾和非常态救灾相统一。"三个转变"，即从注重灾后救助向注重灾前预防转变；从应对单一灾种向综合减灾转变；从减少灾害损失向减轻灾害风险转变。在雨洪灾害管理的过程中，实际效果大大减弱，且应对措施不具体，"上下一般粗"甚至"上细下粗"。这些问题一定程度上反映了应急管理工作系统尚未建立起一整套系统化的制度和能力体系，基层基础尤为薄弱，还难以做到科学高效响应、分层分级处置、有力有序应对，应急管理体系和能力现代化建设任务仍然艰巨繁重。

### 3.5.4　公众应急能力和防灾避险意识

由于灾害的突发性，普通民众没有经历过如此严重的暴雨内涝灾害，导致群众在灾害来临时缺乏警惕性，对特大暴雨的危害缺乏基本认知。社会公众的安全意识和防灾避灾能力不强的问题尤其突出。防汛减灾宣传没有更多地深入到社区，同时对应急管理能力的培训多数情况集中在对应急管理部门工作人员的培训上，没有扩展到专业团体、社会组织以及普通社会公众，以至于在灾害来临时社会公众的自救和救助能力比较弱，严重制约了暴雨内涝灾害应急管理整体应对能力的发挥。在全社会培育应急文化，加强各级领导干部防灾减灾救灾、应急管理能力培训和群众科普教育十分必要和迫切。

## 3.6　小　　结

随着全球气候变化以及城市化进程的加快，城市雨洪灾害风险与日俱增。城市雨洪灾害对城市发展及管理的后续影响严重，对居民生命财产安全影响巨大。通过调研近些年河南省雨洪灾害发生的时间、空间分布，发生频度，暴雨强度等详细信息，发现河南省降水量的季节和区域分布极不均匀，暴雨具有强度大、突发性强、次生灾害严重等特点。受纬度位置及距海平面距离不同的因素影响，暴雨中心集中在太行山东南侧、伏牛山东侧及南侧和桐柏山东侧，特别是在喇叭形山口处或东南、西南向的上坡区。河南出现的暴雨以6—9月较多，集中在7—8月内。从暴雨量看，全省自南向北，随纬度增加，暴雨量呈现逐渐减少的趋势。本章分析河南省和郑州市雨洪灾害产生后政府采取的应急措施、灾后恢复手段以及实施中发生的问题，郑州市现行雨洪灾害管理的痛点与难点。梳理出郑州市在应对暴雨内涝灾害时应急管理方面存在的问题和不足主要表现为以下四个方面：一是应急处置能力较为薄弱，二是应急响应联动机制不健全，三是应急管理预案不够完善，四是公众应急能力和防灾避险意识不足。

# 第4章

# 研究区域、数据和分析方法

## 4.1 研究区域概况

### 4.1.1 区位与行政区划

郑州（北纬 34°16′～34°58′，东经 112°42′～114°14′）位于河南省中部偏北，既是河南省省会城市又是中原城市群中心城市。郑州地处国家"两横三纵"城市化战略格局中欧亚大陆桥通道和京哈、京广通道的交汇处，在国务院印发的《"十三五"现代综合交通运输体系发展规划》中被确立为国际性综合交通枢纽。2016 年年底，郑州获批成为国家中心城市。根据国家发展改革委对国家中心城市的定义，国家中心城市是在直辖市和省会城市层级之上出现的新的"塔尖"，集中了中国和中国城市在空间、人口、资源和政策上的主要优势，是中国城镇体系规划设置的最高层级。

郑州市现辖 6 个市辖区，分别为中原区、二七区、金水区、惠济区、管城回族区和上街区，代管 5 市 1 县，分别是新郑市、登封市、新密市、荥阳市、巩义市和中牟县。市辖区中的中原区、二七区、金水区、惠济区、管城回族区均集中在主城区内，而上街区位于荥阳市西。

### 4.1.2 自然地理环境

郑州地处伏牛山东北翼向平原过渡地带，地形地貌比较复杂，横跨我国第二级和第三级地貌台阶，地势总体上呈现西高东低，海拔差异明显，形成高、中、低三个阶梯，由中山、低山、丘陵过渡到平原。

### 4.1.3 气候条件

郑州四季分明，春季多风少雨，夏季多雨闷热，秋季气候多变，冬季多风干冷，属亚热带季风气候型。总之，郑州市的夏季雨热集中且气象灾害频发。纵观全年的气温变化，7 月最热，平均 27℃，1 月最冷，平均 0.1℃，年平均气温 14.4℃。根据郑州市气象站实测资料，郑州市年平均日照率为 52%，年平均

35

日照时数约2400h，以郑州市区最多，新密市最少，其他县（市）介于之间。郑州市温度适宜、光照充足、雨量充盈等气象条件为农作物生产提供良好的生境。

### 4.1.4 水文特征

#### 4.1.4.1 水系

郑州境内大小河流共124条，流域面积较大的河流有29条，分属于黄河和淮河两大水系。黄河流域水系有黄河干流、伊洛河、汜水河、枯河等，流域面积约1879km²，占全境总面积的25.2%；淮河流域水系有贾鲁河、双洎河、颍河、索须河、七里河、金水河、熊儿河及东风渠等大小河流，流域面积约5567km²，占全境总面积的74.8%。

#### 4.1.4.2 降水量

由郑州市水利局公布的各年份水资源公报数据测算郑州市多年平均年降水量为635.6mm。郑州市降水的空间分布呈现较明显的变化特征，总体上呈由南向北逐渐递减的趋势，中部荥阳市和新密市的交界处降水量较大。具体到每一年的降水空间分布特征，在总体趋势下略有差别。一般情况下，郑州市中部偏西的山脉交界处和新密市南部区域的降雨强度较大，中牟县东北部濒临黄河的区域降水较少。

由于郑州市属温带大陆性季风气候，天气系统的多变造成年际间降水量差别巨大。最大降水量与最小降水量的比值为极值比，从表4.1可以看出，郑州市极值比较大，全市主要雨量站年降水量的极值比范围为2.6～3.6；极值比最大的站点为荥阳雨量站，其年降水量最大值与最小值之比是3.6；最小为告成站，其年降水量最大值与最小值之比为2.6。

表4.1 郑州市主要雨量站1956—2000年系列降水量极值比

| 雨量站名称 | 最大年 | | 最小年 | | 极值比 |
|---|---|---|---|---|---|
| | 降水量/mm | 年份 | 降水量/mm | 年份 | |
| 登封 | 1059.6 | 1956 | 367.3 | 1997 | 2.9 |
| 告成 | 1102.9 | 1964 | 424.1 | 1997 | 2.6 |
| 巩义 | 990.6 | 1982 | 316.0 | 1981 | 3.1 |
| 荥阳 | 1038.1 | 1964 | 292.0 | 1981 | 3.6 |
| 新密 | 1207.0 | 1964 | 406.5 | 1997 | 3.0 |
| 新郑 | 1268.5 | 1967 | 383.2 | 1981 | 3.3 |
| 郑州 | 1041.3 | 1964 | 380.6 | 1997 | 2.7 |
| 中牟 | 937.0 | 1964 | 298.8 | 1966 | 3.1 |

注 数据来源：河南水文信息网《郑州市水文条件概况》。

数据显示，郑州降水量四季分配极不均匀：春季 3—5 月降水量约占全年降水量的 20%；夏季 6—9 月降水最多，约占全年降水量的 65%；秋季 10—11 月降水量约占全年降水量的 10%；冬季 12 月至次年 2 月降水最少，只占全年降水量的 5%。一年中降水主要集中在 6—9 月，这 4 个月也称为汛期。郑州市主要雨量站的汛期年均降水量为 425.8～466.4mm，占全年降水量的 65.2%～68.6%。汛期中，以 7 月降水最多，降水量为 154.8～171.0mm（表 4.2）。

表 4.2 郑州市主要雨量站月平均降水量统计表

| 站名 | 各月平均降水量/mm | | | | | | | | | | | | 汛期（6—9 月） | |
| | 1 月 | 2 月 | 3 月 | 4 月 | 5 月 | 6 月 | 7 月 | 8 月 | 9 月 | 10 月 | 11 月 | 12 月 | 降水量/mm | 占全年百分比/% |
|---|---|---|---|---|---|---|---|---|---|---|---|---|---|---|
| 告成 | 8.4 | 2.0 | 26.4 | 67.8 | 45.4 | 68.4 | 161.9 | 115.9 | 79.6 | 45.6 | 24.0 | 7.4 | 425.8 | 65.2 |
| 荥阳 | 9.5 | 5.2 | 25.4 | 57.8 | 37.9 | 65.9 | 154.8 | 126.0 | 74.5 | 44.6 | 26.5 | 7.8 | 421.2 | 66.2 |
| 新密 | 7.7 | 1.6 | 25.8 | 57.8 | 44.7 | 73.3 | 166.3 | 116.2 | 74.8 | 42.5 | 28.1 | 7.3 | 430.6 | 66.6 |
| 新郑 | 10.5 | 3.4 | 28.2 | 61.5 | 44.1 | 72.4 | 165.1 | 150.1 | 78.8 | 48.7 | 28.4 | 9.4 | 466.4 | 66.6 |
| 中牟 | 8.0 | 10.3 | 23.6 | 50.8 | 34.5 | 69.4 | 171.0 | 114.2 | 75.2 | 40.3 | 21.4 | 7.5 | 429.8 | 68.6 |

注　数据来源：河南水文信息网。

### 4.1.5　城镇化发展概况

改革开放以来，郑州市逐渐从之前的发展停滞状态中恢复。20 世纪 80 年代，我国计划经济逐步向市场经济转轨，激发了城市发展活力，郑州确立了现代化商贸城市和区域性中心城市的战略，并进入快速发展时期。1988 年以前，郑州市的城市建设仅局限在火车站周边区域，而 1988 年以后，随着西部高新技术产业开发区和东部经济技术开发区的兴建，郑州的城市发展实现片区的跨越。2000 年之前，郑州市由于绿化覆盖率较高，是名副其实的"绿城"，之后，随着城市化进程的不断推进，人地紧张的矛盾日益凸显，后经多次城市规划调整，城市空间由单中心轴向式发展向多中心组团式发展转化。2014 年之后，城镇化率达 68.3% 以上，进入国际公认的城镇化加速发展的关键阶段。

据郑州市统计局数据显示，1988—2014 年，郑州市域总人口从 510.7 万人增加到 937.8 万人；城镇化率由 41% 增加至 68.3%，增加了 27.3%（图 4.1）；生产总值由 81.5 亿元上升至 6777.0 亿元，其中，人均生产总值由 1612 元上升至 72993 元（图 4.2）。分析生产总值的产业结构变化可以看出，第二产业在三大产业中占比最高，是支柱产业，其趋势为先减少后于 2002 年之后迅速增加。第一产业在三大产业中的占比逐年下降，第三产业在改革开放之后快速增加，但 2002 年之后第三产业的占比有所减少，这是因为大量社会投资转入第二产业，大量企业进驻郑州市的两个国家级开发区，促成第二产业的发展契机。

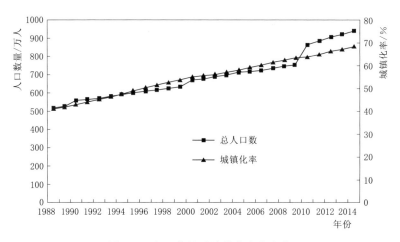

图 4.1 人口数量及城镇化率的变化

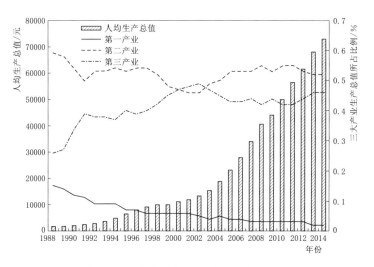

图 4.2 人均生产总值及产业结构的变化

# 4.2 数 据 来 源

## 4.2.1 遥感数据的获取与解译

研究区的遥感数据为卫星轨道为 126/36 的 1988 年 5 月、2001 年 8 月、2014 年 5 月共 3 期 Landsat - TM 影像，均从中国科学院地理空间数据云免费获取，影像成图时研究区无云覆盖，图像质量较高。另外，还从地理空间数据云下载到 GDEMV2 30m 分辨率的数字高程数据。郑州市行政边界图、1∶10 万地形图、Google 地图用于遥感影像的解译和精度校正。遥感数据采用 FLAASH 大气辐射校正模型对影像进行大气校正，以1∶10万地形图对影像进行几何精校正，控制误差在0.5像元以内。采取监督分类与目视解译相结合的方法对TM影像进行解译。

基于水文模型的土地利用分类系统目前尚未统一。国内外学者根据水文模型的不同、其研究对象的实际情况，划分不同的土地利用分类标准。本书希望揭示城市化进程中景观格局的动态变化，以及土地利用格局与地表径流之间的响应机制，因此，土地资源的利用属性以及影响产汇流过程的下垫面性质是土地利用分类的主要依据。中国科学院资源环境数据库对全国土地利用分类采取的三级分类系统，一级分类的分类依据为土地的利用属性和资源属性。参考该一级分类标准，将郑州市土地覆被划分为建设用地（包括城镇建设用地和乡镇建设用地）、农业景观、草地景观、林地景观、水体景观（包括河流和水库鱼塘等）、未利用地6种类型。将分类结果转为矢量格式，结合当地的历史时期土地利用数据和现场GPS定位的调查资料进行纠正，获得粒度30m的研究区三个时期的景观类型图，遥感影像总解译精度控制在90%以上。

### 4.2.2　土壤、气象数据的获取

本研究用到的土壤数据是从国家地球系统科学数据共享平台下载的《河南省1∶20万分县土壤图（1988）》。1988—2014年的郑州市年、月降雨数据来源于中国气象数据网。

# 4.3　分　析　方　法

### 4.3.1　"跨尺度"的分析层次

城市水问题的解决是跨尺度的综合性问题。化解城市的雨洪灾害需要跨尺度的生态规划理论和方法体系。目前较多的研究聚焦于雨水利用和管理问题，着眼于低影响开发措施的应用问题。仅从这些层面，本着就水论水的思路是不全面的，应当构建宏观、中观、微观的多层次研究体系。

#### 4.3.1.1　宏观尺度

宏观尺度指的是城市或流域尺度，重点研究水系统在城市或流域的空间格局。通过判别雨洪廊道、洪涝调蓄区、易淹区范围，构建雨洪生态安全格局，并将此格局落实在土地利用总体规划和城市总体规划中。本次重点研究整个郑州市域的雨洪安全格局，明确城市雨洪廊道的空间位置和相互联系，分析行洪区、不同等级易淹区范围。通过设立禁建区、限建区、恢复区等，维护城市中完整的水系格局，避免无序的城市建设对水系统的结构和功能的破坏，指引城市建设向水生态的良性方向发展。

#### 4.3.1.2　中观尺度

中观尺度指的是乡镇、区、城市功能区块等，重点研究如何合理规划场地

内的河道、湿地，并根据场地内集水区、汇水点的分布情况，在土地利用控制性规划中落实场地调蓄策略。

#### 4.3.1.3　微观尺度

微观尺度指的是具体的集水单元的建设，比如社区改造、公园、广场等。微观尺度对应的是具体的技术措施，包括绿色海绵技术、人工湿地净化技术、最小干预技术等。

### 4.3.2　技术路线

以 GIS、ENVI（the environment for visualizing images）为主要技术手段，采用定量化、可视化研究和多种分析方法，包括 ENVI 影像处理、景观格局指数计算、GIS 空间分析、动态模拟、水文分析、叠加分析等。处理研究区的遥感影像，提取土地利用变化的基础数据，定量化分析景观格局总体特征；建立郑州市的缓冲区梯度带，运用景观格局指数定量化研究各缓冲区梯度带的城市景观组成单元的类型、数目及空间分布与配置，深入认识城乡发展的景观结构；构建研究区 SCS 水文模型，评价不同时期景观格局的水文响应，分析土地利用格局动态变化对暴雨径流的影响；借助 GIS 水文分析模块和叠加分析工具，建立水文模型模拟下的城市雨洪安全格局模型，确定雨洪管理的关键部位，作为城市各景观类型结构调整的科学依据；以"景观生态安全格局"理论为基础，确定土地利用结构优化的发展方向及调控措施，并对雨洪管理的关键用地的要素布局进行优化设计。技术路线如图 4.3 所示。

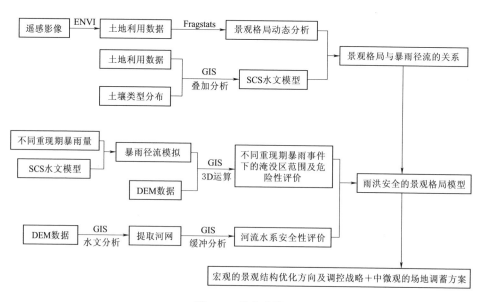

图 4.3　技术路线

### 4.3.3 具体方法

#### 4.3.3.1 景观格局指数的选取与计算

　　景观格局指数是高度浓缩的景观格局信息，通过景观格局指数可以间接了解景观结构、景观空间布局等方面的特征。为分析景观类型水平和景观格局梯度变化特征，选用生态意义明确、对城市化梯度变化敏感的七个景观格局指数，分别为：景观类型面积比 $PLAND$、斑块密度 $PD$、最大斑块指数 $LPI$、景观形状指数 $LSI$、Shannon 多样性指数 $SHDI$、Shannon 均匀度指数 $SHEI$、蔓延度指数 $CONTAG$，具体见表4.3。借助 Fragstats3.3 软件计算景观格局指数。具体方法如下：首先将研究区土地利用分类图加载到软件中，然后选择要计算的指数，并设置必要的参数，最后运行软件并在 Excel 表中对各指数进行统计分析。

表 4.3　　　　　　　　　　　　景 观 格 局 指 数 简 介

| 景观指数名称 | 符号 | 描　　述 |
|---|---|---|
| 景观类型面积比<br>（class percent of landscape） | $PLAND$ | 景观中某类斑块的面积占整个景观面积的百分率 |
| 斑块密度<br>（patch density） | $PD$ | 单位面积的斑块数量 |
| 最大斑块指数<br>（largest patch index） | $LPI$ | 某景观类型的最大斑块面积占景观总面积的比例，描述景观优势度 |
| 景观形状指数<br>（landscape shape index） | $LSI$ | 描述景观中所有斑块的形状复杂程度，$LSI$ 越大，形状越不规则 |
| Shannon 多样性指数<br>（Shannon diversity index） | $SHDI$ | 反映景观类型多样性大小的指标，取值范围 $SHDI \geqslant 0$；当 $SHDI = 0$，是一种极端情况，说明整个景观仅有一个斑块；$SHDI$ 增大，表明斑块类型增长，或各斑块类型分布趋于均匀 |
| Shannon 均匀度指数<br>（Shannon evenness index） | $SHEI$ | 反映景观斑块的分布均匀程度的指标 |
| 蔓延度指数<br>（contagion index） | $CONTAG$ | 景观里不同斑块类型的团聚程度或延展趋势。理论上，$CONTAG$ 值越小，表明景观中小斑块数量越多；当 $CONTAG$ 接近 100 时，说明景观中存在某种优势斑块，且该优势斑块具有高连通度。因此，蔓延度高说明景观中具有某种高连接性的优势斑块，蔓延度低说明景观的破碎化程度较高，多种小斑块密集分布 |

#### 4.3.3.2 梯度缓冲区的建立

　　基于景观指数的梯度分析法能够对同一城市不同时期的土地或景观动态变化定量分析，是将格局和过程联系起来分析的基础，国内外学者也进行了大量的研究[23,147-150]。比如，Cao 等[151] 用此种方法（9 个梯度和 8 个象限）分析了重庆城市建设用地快速增长的重点区域，以及城市空间结构从单中心到多中心的转变过程；俞龙生等[152] 通过在广州市番禺区设立梯度带，结合景观格局指数分析方法，研究景观格局梯度变化特征，以此揭示快速城镇化地区的城乡融合规律。通过在研究区内设立缓冲区梯度带，运用景观格局指数对各缓冲区梯度带上的城市景观组成单元的类型、数目以及空间分布与配置进行研究，有利于认识城乡发展的景观结构和生态过程。本书以郑州市（包括县市辖区）为研究对象，以郑州市的行政中心所在地为辐射圆的圆心，向外以 5km 为半径设置梯度分区，共产生 20 个缓冲区梯度带。将中心的缓冲区梯度带编号设为 1，向外依次为第 2 号、第 3 号、……、第 20 号缓冲区梯度带。分析环形缓冲区上的各类土地类型的景观格局指数变化，可以揭示郑州市景观格局在行政中心往外的圈层上的梯度变化规律。

### 4.3.3.3　SCS 水文模型的构建

由于 SCS 水文模型结构简单，所需研究对象的水文特征资料较少，而且其改进后的基于栅格的 SCS 水文模型的精度显著提高，被广泛应用于资料缺乏地或大、中尺度流域的径流计算。

1. 模型结构

解译遥感图像得到的土地利用数据是栅格形式的面状信息，但这种土地利用信息不是传统水文模型的一个参数，也无法与传统水文模型的结构产生直接的联系，因此选择基于栅格的水文模型进行径流过程的模拟。20 世纪 50 年代，美国农业部水土保持局（Soil Conser - vation Service，SCS）提出了小流域设计水文模型，即 SCS 径流模型[153]，该模型充分考虑了流域下垫面条件对水文过程的影响，结合土壤类型分布、前期土壤湿润程度等因素一并纳入水文模型中，并简化各影响因素，使计算参数只有一个，参数的率定也相对容易，因其简单的结构而方便使用。目前该模型在美国及其他一些国家得到了广泛应用，在我国也有广泛应用[51-52,154]。

在降雨过程中，径流量的大小与降雨量和初损量有关。降雨初期，并没有径流产生，这是因为雨水损失在土壤下渗、蒸发和植被截留等过程中。降雨中后期，逐渐开始产生径流，这是因为降雨持续发生，而土壤下渗过程变缓，植被截留量却趋于饱和。SCS 模型的降雨-径流关系的最终表达式为[155]

$$Q = \begin{cases} (P - I_a)^2 / (P + S - I_a) & P \geqslant I_a \\ 0 & P < I_a \end{cases} \tag{4.1}$$

其中
$$S = \frac{25400}{CN} - 254 \tag{4.2}$$

式中　$Q$——径流量，mm；

　　　$P$——一次降雨的降雨总量，mm；

　　　$S$——流域当时的可能最大滞留量，mm；

$I_a$——初损，mm；

$CN$——模型参数。

由此看出，$CN$ 值是流域下垫面条件的量化指标，也即下垫面对地表产流能力的影响大小可以通过可量化的指标代替。$CN$ 值这一重要指标，建立起下垫面信息和水文模型计算之间的联系。

2. 模型参数 $CN$

$CN$（curve number）是一个无量纲参数，用于描述降雨和径流之间的关系，综合了影响水文过程的多个因子，包括前期土壤湿润程度（antecedent moisture condition，AMC）、坡度（slope）、土壤类型（soil）和土地利用现状等。因此，$CN$ 值的大小依赖于研究区土壤类型分布情况、降雨前期的土壤湿润程度、土地利用分布情况。

土壤类型关系到降雨初期的土壤下渗率的大小，也影响土壤对水分下渗的快慢，表现出地表产流速度的差异。比如砾石、砂石等孔隙较大的土壤，雨水下渗速度较快，使地表产流滞后。而壤土、黏土等孔隙小的土壤，雨水下渗速度较慢，使地表产流的时间提前，径流量也会相应增大。按照土壤透水性的差异，土壤类型被分为四类[155]（表 4.4）。不同的土壤类型对应不同的 $CN$ 值，因此须将研究区的土壤类型按照土壤分类依据进行重分类，以便于确定 $CN$ 值。

表 4.4　　　　　　　　　　　SCS 模型的土壤分类

| 土壤类别 | 土　壤　性　质 |
|---|---|
| A 类 | 土壤渗透性强，产流时间较长、速度较慢，以砂土为代表 |
| B 类 | 土壤渗透性较强，产流速度较慢，以沙壤土为代表 |
| C 类 | 土壤渗透性一般，产流速度较快，以轻壤土为代表 |
| D 类 | 土壤渗透性较差，产流时间短、速度快，以重黏土为代表 |

降雨前期的土壤湿润程度，即降雨前土壤的含水量直接影响地表产流量。分析地表径流产生的过程，持续的降雨强度大于土壤下渗强度时，降雨量大于植被截留和地表填洼总量时，坡面漫流产生，也即地表产流开始。在其他因素不变的前提下，土壤前期的含水量多，则降雨后土壤下渗能力弱，下渗量大，产流发生的时间会相应延迟；土壤前期的含水量少，雨后土壤下渗能力强，下渗量大，产流发生的时间会相应缩短。因此，降雨前期的土壤湿润程度是影响 $CN$ 值的一个重要因素。国内外研究人员提出了量化指数 $API$，将降雨前期土壤湿润程度划分成三个等级（表 4.5）。其中，根据前人经验和研究区实际情况，首先率定土壤处于Ⅱ级水平的 $CN$ 值，再根据计算公式确定土壤处于Ⅰ级和Ⅲ级的 $CN$ 值，表达式分别为[155]

$$\text{AMC}_{\text{I}} = 4.2\text{AMC}_{\text{II}}/(10 - 0.058\text{AMC}_{\text{II}}) \tag{4.3}$$

$$AMC_{III} = 23AMC_{II} / (10 + 0.13AMC_{II}) \tag{4.4}$$

表 4.5                             前期土壤湿润程度的定义

| 前期土壤湿润程度（水分条件） | 前5天降雨深度/mm | |
|---|---|---|
| | 植被生长期 | 其他时期 |
| Ⅰ级（土壤干旱） | <30 | <15 |
| Ⅱ级（土壤水分平均值） | 30～50 | 15～30 |
| Ⅲ级（土壤较湿润） | >50 | >50 |

    土地利用覆被情况也即地表下垫面性质。地表下垫面性质的不同，极大程度上影响降雨径流过程。根据已有研究成果，植物覆盖度与降雨径流量呈相关性，植物覆盖度越高，植物截留的雨水越多，地表发生的径流量越小。人类活动严重改变着地表下垫面的性质，随着城市化进程的推进，势必会增加建设用地，并在一定程度上降低植被覆盖率。土壤类型和降雨前期土壤湿润程度是两个自然环境因素对地表径流产生影响，而土地利用类型及分布则是人类活动通过改变下垫面性质对地表径流产生影响。想要模拟研究区的降雨径流过程，分析土地利用格局对径流过程的影响，必须先归纳研究区所有土地利用类型，并获得研究区的土地利用类型分布图。

    3. 模型参数 $P$

    模型参数 $P$ 在模型中属输入值，指的是一次降雨的降雨总量。SCS 模型可用于缺乏降雨历时分布资料的研究区。模型中并未考虑时间因素对径流量的影响，忽略了在单次降雨过程中土壤渗透能力与时间之间的关系。用于模型输入的降雨量 $P$ 是指降雨集中、降雨时长在 24h 以内的降雨事件所产生的降雨量。

    4. 模型参数 $Q$

    《美国国家工程手册》中对模型参数 $Q$ 的描述为："降雨期间及以后的一段时间内流入河槽中的水量，可能包括降落在河槽表面的雨水、地表径流，还有入渗雨水的渗出量。"所以，在干旱地区的 $Q$ 为直接径流，湿润地区的 $Q$ 为总径流，包括地表径流、土壤中径流和地下径流。利用 SCS 模型模拟计算的汇水区径流量 $Q$ 为直接径流。

#### 4.3.3.4 DEM 水文分析

    ArcGIS 的水文分析是指基于 DEM 数据提取数字河网信息，并用于研究流域水文特征和模拟雨水地表径流等地表水变化、运动等现象的过程[156]。本书以 DEM 数据为基础，依托 GIS 软件的水文分析模块，提取研究区范围内的水流方向、数字河网信息、汇水区等，以重现研究区地表径流的全过程。

    1. 提取河网

    因为插值或真实地形地貌等原因，数字高程数据 DEM 的表面并非相对平滑的，而是会存在坑洼的区域。对原始数字高程图进行填洼处理，是提取水流、河网的前提。基于 ArcGIS 生成无洼地 DEM，利用无洼地 DEM 提取水流流向，通过对水流流向栅格的计算，求得汇流累计量。无洼地 DEM 数据是栅格图，每个栅格上的汇流计算量代表每个栅格上的水流量，当栅格上可容纳的水流量超过某一值后，就会产生地表径流[157]。利用 GIS 的水文分析工具，可提取研究区的数字河网信息。

2. 提取汇水区

流域也称汇水区，是指由一个公共出水口流出的水流所流过的汇水区域。流域也常用流域盆地或集水盆地等词来表述。流域面积就是沿公共出水口流出的水流所汇集的面积。流域之间的分界线也称分水岭（线），流域是被分水岭（分界线）围合的河流汇水区。汇水区的边界和面积大小与地块的地形地貌有关，与行政区划无关。水文模拟是基于汇水区的分析模拟，因此本书的暴雨径流模拟分析的前提是提取研究区的汇水分区。ArcGIS 软件的水文分析模块中的 watershed 工具可用来提取汇水区。

3. 提取淹没区

利用 SCS 水文模型可以计算不同暴雨重现期的暴雨量 $P$ 所产生的直接径流量 $Q$，单位 mm。利用 GIS 的水文工具已将研究区划分为若干个汇水分区，可以在 GIS 中查询每个汇水区的面积。每个汇水区的直接径流量 $Q$ 与汇水面积的乘积即为该汇水区在模拟的暴雨情形下产生的直接径流体积。每个汇水区的直接径流体积就是淹没体积 $V$，而期望得到的是在地理条件下的淹没范围。运用 ArcGIS 的 3D 表面分析工具，不断尝试输入高度 $H$ 的值，使软件计算出的洼地体积 $V'$ 无限接近淹没体积 $V$。当洼地体积 $V'$ 无限接近或等于淹没体积 $V$ 时，输入的高度值 $H$ 就是该汇水区的淹没高度。确定淹没高度后，在汇水区的 DEM 数据上提取低于淹没高度的范围，得到汇水区在不同重现期的暴雨量下的淹没范围。具体流程如图 4.4 所示。

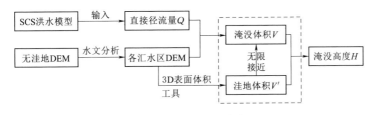

图 4.4　提取淹没区的流程

## 4.4　小　　结

基于景观生态学的"斑块-廊道-基底"理论，综合运用模型、计算机技术、地理数据等构建的雨洪安全格局是一项复杂的研究课题，涉及以下方面：①根据遥感影像提取土地利用变化数据，定量化分析景观格局总体特征；②运用景观格局指数定量化研究城乡发展的景观结构；③构建研究区 SCS 水文模型，评价分析土地利用格局动态变化对暴雨径流的影响；④建立水文模型模拟下的城市雨洪安全格局模型，确定雨洪管理的关键部位，进而作为城市各景观类型结构调整的科学依据。

# 第 5 章

# 景观格局的动态及梯度分析

改革开放以来，我国多数城市都经历了不同程度的城市化进程，表现为土地资源在数量和空间分布上的变化。郑州作为国家中心城市和中原城市群核心城市，在 20 世纪 80 年代末逐步进入快速城镇化发展进程，土地利用在数量和结构上发生巨大的变化。借助遥感影像、ENVI 影像处理软件和 Excel 统计软件可定量化研究土地利用的数量、结构变化，发现其潜在的发展规律。

以郑州城市化发展历程中具有转折意义的 1988 年、2001 年、2014 年为时间节点，通过遥感影像的解译、分类、统计分析等方法，对郑州市 1988—2014 年的景观类型数量变化、空间转移、缓冲区梯度带下的景观格局动态变化进行定量化研究。

## 5.1  土地利用数量变化分析

利用 ENVI 解译郑州市 TM 遥感影像，并依据最大似然法将整个研究区土地分成建设用地、未利用地、林地、水体、耕地、草地六大类，生成 1988 年、2001 年、2014 年的郑州市土地利用分类图。分析不同时期的土地利用分类图，1988—2014 年，郑州市建设用地的变化巨大，不仅表现为面积明显增加，而且新增的城市建设用地的位置也在发生变化。早期的建设用地聚拢在主城区，边界清晰。随后，建设用地以主城区为核心向外扩大，直至 2014 年，在主城区外部的西部、东部、东南部出现多个建设用地的增长核心，主城区边界逐渐模糊不清。城市建设空间从单一中心式发展模式向多中心转移发展，郑东新区及东南部的机场周边城市空间发展劲头十足。耕地数量在前期增加明显，后期减少。林地和草地的总数量变化不大，但区域位置的转移显著。前期林地空间片状集中在城市西南部的山地和点状分布在主城区外围的平原地，后期林地空间多呈片状，集中分布在城市外围，且边界逐渐清晰。前期草地空间分布在整个郑州市南部，且顺应郑州市的地势起伏，其地理分布特点符合植被的自然生长特性，之后因人为干扰等因素，草地空间转移至主城区周边呈团状分布。

统计不同时期的土地利用变化量和比例，见表 5.1。1988—2001 年，耕地和林地数量增加显著，耕地的增量占研究区总面积的 9.4%，林地所占比例增加了 12.7%；草地和未利用地的数量在此时期减少，研究区 16.3% 的草地面积消失转移成其他用地类型，10.9% 的未利用地被其他类型土地取代；建设用地有较大增幅，增量比例达 5.1%。说明这一时期的城市建设和农林生产都在扩张中，而建设用地的扩张和农业生产规模的增大基本是靠侵占绿色空间和对未利用地的再开发实现的。2001—2014 年，草地面积增长最大，所占比例增加了 12.3%；建设用地继续保持增长势头，增量比例达较 8.2%，大于前一时期的增量；林地、耕地、未利用地都有不同程度的减少，以林地减少量最大，所占比例减少了 10.1%，其次是耕地，耕地消减量占总面积的 6.8%，未利用地的减少量最小，所占比例减少了 2.5%；水体空间也有少量减少。这一时期的草地面积突增，建设用地保持增势，说明城市建设和城市绿化建设是该时期的主要任务，其增量是通过减少林地、耕地、未利用地来实现的，尤其以林地的贡献最大。总体来看，1988—2014 年，增减趋势保持不变的仅有建设用地和未利用地，建设用地始终保持增势，且后期增势较前期增势略大；未利用地始终保持减势，且前期的减少势头明显。说明在这 20 余年间，城市建设愈演愈烈，城市化进程不断深入，而未利用地在前期遭遇疯狂改造之后，已到了无地可占的地步。草地面积出现了先减后增的情况，说明前后两个时期的城市绿色空间建设由之前的被侵占到之后的报复性增长，人们开始认识到营造城市绿色空间环境的重要性。耕地和林地面积均呈现先增后减的态势，说明改革开放初期农林生产是重要的支柱，而后期被城市建设以及城市绿色空间建设所侵占取代。水体面积变化量不大，后期有少量减少，减少的面积仅占研究区总面积的 1.2%，对于整体的影响不大，基本可以忽略。

表 5.1　　　　　　　　　　不同时期的土地利用变化量与比例

| 土地类型 | 指标 | 1988 年 | 2001 年 | 2014 年 | 1988—2001 年 | 2001—2014 年 | 1988—2014 年 |
|---|---|---|---|---|---|---|---|
| 草地 | $S/\text{km}^2$ | 3772.5 | 2584.8 | 3482.5 | −1187.7 | 897.7 | −290 |
| | $P/\%$ | 51.9 | 35.6 | 47.9 | −16.3 | 12.3 | −4 |
| 耕地 | $S/\text{km}^2$ | 1169.5 | 1853.1 | 1356.1 | 683.6 | −497 | 186.6 |
| | $P/\%$ | 16.1 | 25.5 | 18.7 | 9.4 | −6.8 | 2.6 |
| 林地 | $S/\text{km}^2$ | 288.2 | 1207.2 | 475.7 | 919 | −731.5 | 187.5 |
| | $P/\%$ | 3.9 | 16.6 | 6.5 | 12.7 | −10.1 | 2.6 |
| 水体 | $S/\text{km}^2$ | 207.3 | 207.4 | 122.3 | 0.1 | −85.1 | −85 |
| | $P/\%$ | 2.9 | 2.9 | 1.7 | 0 | −1.2 | −1.2 |

续表

| 土地类型 | 指标 | 1988 年 | 2001 年 | 2014 年 | 1988—2001 年 | 2001—2014 年 | 1988—2014 年 |
|---|---|---|---|---|---|---|---|
| 建设用地 | $S/km^2$ | 689.5 | 1062.4 | 1658.7 | 372.9 | 695.3 | 969.2 |
| | $P/\%$ | 9.5 | 14.6 | 22.8 | 5.1 | 8.2 | 13.3 |
| 未利用地 | $S/km^2$ | 1138.8 | 350.9 | 170.5 | −787.9 | −180.4 | −968.3 |
| | $P/\%$ | 15.7 | 4.8 | 2.3 | −10.9 | −2.5 | −13.4 |

**注**　$S$—土地面积；$P$—土地面积占研究区总面积的比例。

# 5.2　景观格局动态分析

## 5.2.1　景观水平上的格局指数变化

郑州市各时期景观水平上的格局指数见表 5.3。1988—2014 年，郑州市的景观形状指数逐渐降低。景观形状指数反映出景观中所有斑块的形状复杂程度，值越小，斑块的形状越趋于规则。由此表明，1988—2014 年的所有景观斑块的形状向更加规则的形状演变。

斑块密度在 1988—2001 年有小幅增大，而在 2002—2014 年大幅度下降。蔓延度指数在 1988—2001 年有小幅减小，而在 2002—2014 年又有所上升。斑块密度和蔓延度指数主要反映景观的破碎化程度，斑块密度越小，蔓延度指数越大，景观破碎化程度越低。表明郑州市所有景观斑块的破碎化程度先升高后降低。

最大斑块指数在这 27 年间呈现先降后升的变化，Shannon 多样性指数在这 27 年间呈现先升后降的变化；2001 年，最大斑块指数最低而 Shannon 多样性指数最大。最大斑块指数描述景观优势度，该值越低，表明整个景观中的优势度越低，没有出现某种景观类型占据明显优势的情况。Shannon 多样性指数越大，说明各斑块类型在景观中呈现均衡化趋势分布。因此，郑州市 1988 年和 2014 年的所有景观类型分布不均，存在优势景观类型。相对而言，2001 年的景观优势度低，各景观斑块类型的分布较为均衡。

表 5.2　　　　　　　　1988—2014 年郑州市景观水平上的格局指数

| 年份 | 景观形状指数 | 斑块密度 | 最大斑块指数 | Shannon 多样性指数 | 蔓延度指数 |
|---|---|---|---|---|---|
| 1988 | 124.8081 | 7.6014 | 42.2379 | 1.3777 | 50.8766 |
| 2001 | 121.7592 | 7.9881 | 24.6153 | 1.5432 | 50.2246 |
| 2014 | 90.5264 | 4.0245 | 33.4505 | 1.2439 | 54.7820 |

### 5.2.2　景观类型上的格局指数变化

郑州市各时期景观类型上的格局指数见表 5.3，1988—2001 年，建设用地面积占比增大而斑块个数减少，说明建设用地以连续成片的开发方式进行扩张。2001—2014 年，建设用地的面积占比增大，斑块个数也有小幅增长，说明这一时期的城市建设破碎化程度加大，可能是建设开发的布局较分散导致。建设用地的景观形状指数不断减小，说明人工干扰强度依次增强，使建设用地的形状趋于规则。

草地的面积占比先减后增，斑块个数先减后增，前期城市建设和农林生产侵占了大量的草地，后期草地呈报复性增长，而斑块数量的变化表明草地被其他土地类型侵占后变得更加破碎。

1988—2014 年，耕地景观形状指数始终呈减少的趋势，表明在人为作用下的耕地形状越来越规则。1988—2001 年，耕地面积占比增大而斑块个数减小，说明耕地斑块面积增大的同时也更加整合。耕地的最大斑块指数在 2001 年最大，表明农业生产经过十几年的恢复，耕地景观优势度显著提升。2002—2014年，耕地景观的面积占比减少、斑块个数增加，表明耕地景观被其他土地利用类型侵占而导致破碎程度加大。

表 5.3　　　　　1988—2014 年研究区景观类型上的格局指数

| 土地类型 | 年份 | 景观类型面积比 | 斑块个数 | 斑块密度 | 最大斑块指数 | 景观形状指数 | 聚集度指数 |
|---|---|---|---|---|---|---|---|
| 草地 | 1988 | 51.8868 | 10932 | 1.5036 | 42.2379 | 140.2359 | 99.9457 |
| | 2001 | 35.5769 | 16294 | 2.2426 | 24.6153 | 138.5894 | 99.8787 |
| | 2014 | 47.9361 | 9511 | 1.3090 | 32.2405 | 117.4600 | 99.9230 |
| 未利用地 | 1988 | 15.6624 | 15173 | 2.0869 | 1.6052 | 122.4098 | 98.5230 |
| | 2001 | 4.8171 | 13968 | 1.9224 | 0.2912 | 121.8213 | 95.2121 |
| | 2014 | 2.3469 | 2874 | 0.3956 | 0.2097 | 55.4455 | 96.3355 |
| 建设用地 | 1988 | 9.4816 | 16588 | 2.2815 | 1.5287 | 136.2125 | 97.0660 |
| | 2001 | 14.6224 | 13550 | 1.8649 | 3.9249 | 118.7470 | 98.7950 |
| | 2014 | 22.88325 | 13830 | 1.9034 | 9.5345 | 112.4705 | 99.5634 |
| 水体 | 1988 | 2.8502 | 4014 | 0.5521 | 0.5304 | 62.1823 | 96.1276 |
| | 2001 | 2.8560 | 4313 | 0.5936 | 0.5918 | 61.9542 | 96.8851 |
| | 2014 | 1.6680 | 1733 | 0.2385 | 0.1093 | 50.5858 | 96.1292 |
| 耕地 | 1988 | 16.0844 | 6334 | 0.8712 | 1.9399 | 95.0557 | 99.1642 |
| | 2001 | 25.5116 | 5216 | 0.7179 | 12.7838 | 84.4253 | 99.7950 |
| | 2014 | 18.6674 | 5576 | 0.7674 | 10.9745 | 62.0167 | 99.7047 |

续表

| 土地类型 | 年份 | 景观类型<br>面积比 | 斑块个数 | 斑块密度 | 最大斑块指数 | 景观形状<br>指数 | 聚集度指数 |
|---|---|---|---|---|---|---|---|
| 林地 | 1988 | 3.9627 | 2225 | 0.3060 | 0.6001 | 40.3065 | 98.5135 |
|  | 2001 | 16.6157 | 4694 | 0.6460 | 6.2618 | 83.3457 | 99.6469 |
|  | 2014 | 6.5489 | 1617 | 0.2225 | 1.5328 | 42.1904 | 99.1404 |

## 5.3　景观格局梯度分析

城市空间扩张过程受到多因素的共同影响，其速度、强度、形态等均具有阶段性差异[158]。国内外很多学者就景观梯度变化特征进行研究。以景观生态学理论为指导，以梯度分析为技术手段的景观梯度变化研究能够揭示城市化进程中景观格局和城市形态的规律性变化[159-162]。将梯度分析与景观格局分析相结合，对郑州市不同时期的景观格局在缓冲区梯度带上的推演过程进行分析，有利于探讨城市景观格局的空间特征及城市化对景观格局的影响，有利于探讨城市空间扩张的阶段性特征，为区域土地利用政策和可持续发展规划提供参考。

### 5.3.1　景观水平指数梯度变化

郑州市景观水平上的格局指数在环状缓冲区梯度带上的变化如图5.1～图5.5所示。

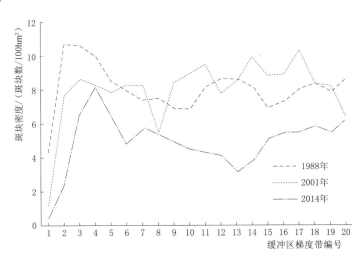

图5.1　景观水平指数（斑块密度）在环状缓冲区梯度带上的变化

如图5.1所示，斑块密度在第1～5缓冲区梯度带上总体表现为先升高后降低的趋势，在第6～20缓冲区梯度带上没有规律性的表现，三个特征年的图像

51

波动不具有一致性。第1~5缓冲区梯度带上，斑块密度在各特征年出现的峰值位置逐渐向市中心外围扩展，说明城市外围的小斑块不断融合或被某大型斑块取代，景观破碎化程度逐年降低。第6~20缓冲区梯度带上，虽然三个特征年的斑块密度走向没有规律性，但是1988年和2001年的斑块密度值总体维持在一个较高的范围，而2014年的斑块密度始终维持在较低的范围，说明1988年、2001年在城市外围的斑块破碎化程度较高，2014年城市外围的斑块被人为干扰强烈，斑块破碎化程度显著降低。

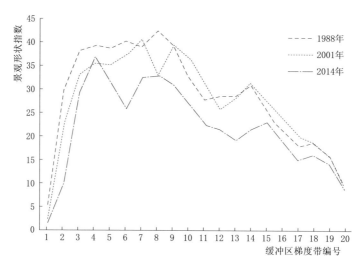

图5.2　景观水平指数（景观形状指数）在环状缓冲区梯度带上的变化

如图5.2所示，景观形状指数在缓冲区梯度带上的变化趋势大致为先升高后降低，升高达到峰值后伴随着高低波动逐渐下降。景观形状指数越接近1，斑块的形状越接近于圆形，反之，则斑块形状越不规则。1988年的景观形状指数在第8缓冲区梯度带内出现峰值，2001年和2014年的景观形状指数峰值分别出现在第7和第4缓冲区梯度带内。景观形状指数的峰值位置越来越靠近城市中心，表明随着时间的推移，城市化进程的推进，原有自然景观格局不断被打破，城市外围斑块的形状因人为干扰因素而越来越规则。

如图5.3所示，最大斑块指数在缓冲区梯度带上表现为先急剧下降，而后在低值区呈现不规则的上下波动。1988年最大斑块指数的最低值出现在距离行政中心5~10km范围内，2001年最大斑块指数的最低值位于距离行政中心10~15km处，2014年最大斑块指数的最低值出现在距离行政中心15~20km处，最大斑块指数的最低值位置逐渐向外推移，表明郑州市破碎化程度越来越向外加剧。最大斑块指数在急剧下降后呈现出的不规则上下波动，可能是因为研究区面积过大，越远离城区的区域由于地理环境、发展策略的不同，受到多方面因

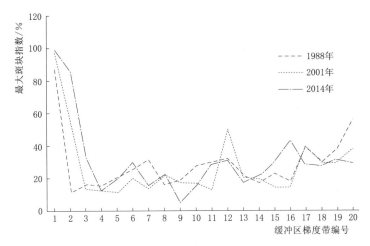

图 5.3　景观水平指数（最大斑块指数）在环状缓冲区梯度带上的变化

素影响呈现出不同的时空变化特征。

　　如图 5.4 所示，Shannon 多样性指数和 Shannon 均匀度指数反映出景观的异质性，其变化一致。1988 年、2001 年、2014 年的 Shannon 多样性指数均从低值陡然升高到高值后再呈现出不同的波动变化。Shannon 多样性指数在前期的急剧升高是因为城市化在中心向外辐射的最前沿区域，城市建设用地取代了其他类别用地，异质性景观面积差异大。以距离城市中心 10km 处为例，1988 年的 Shannon 多样性指数大于 2001 年的 Shannon 多样性指数，2001 年的 Shannon 多样性指数大于 2014 年的 Shannon 多样性指数，说明城市中心区附近的景观多

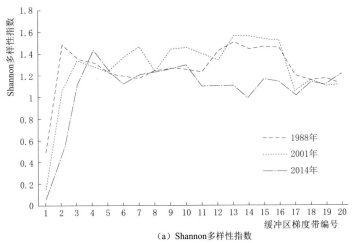

（a）Shannon多样性指数

图 5.4（一）　景观水平指数（Shannon 多样性指数、Shannon 均匀度指数）
在环状缓冲区梯度带上的变化

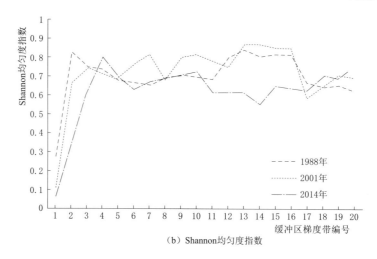

（b）Shannon均匀度指数

图 5.4（二）　景观水平指数（Shannon 多样性指数、Shannon 均匀度指数）
在环状缓冲区梯度带上的变化

样性逐渐下降。Shannon 多样性指数的峰值表明斑块类型最复杂，斑块破碎化
程度最高。在第 4～10 缓冲区梯度带内，1988 年的 Shannon 多样性指数基本稳
定而 2001 年的 Shannon 多样性指数上下波动显著，表明 2001 年的城市建设在
这一区域较为活跃。在第 12～17 缓冲区梯度带内，1988 年和 2001 年的 Shan-
non 多样性指数均位于高值区，而 2014 年的 Shannon 多样性指数维持在较低水
平，表明 2014 年的城市建设用地较多地侵占了异质性景观用地。

　　如图 5.5 所示，蔓延度指数在缓冲区梯度带上呈现先急剧下降至低谷后逐
渐升高继而再波动的趋势。1988 年的蔓延度低谷出现在第 2 缓冲区梯度带内，

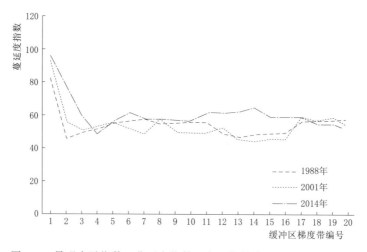

图 5.5　景观水平指数（蔓延度指数）在环状缓冲区梯度带上的变化

2001 年的蔓延度低谷值出现在第 3 缓冲区梯度带内，2014 年的蔓延度低估值出现在第 4 缓冲区梯度带内，也即随时间的推移，蔓延度低谷不断向外推演。在第 1～4 缓冲区梯度带范围内，斑块蔓延度逐年升高，说明城市行政中心附近的斑块团聚程度和蔓延趋势随着时间的推移而不断加强。三个时期的蔓延度指数在达到低谷后均出现不同程度的波动趋势，在第 5～12 缓冲区梯度带内，2001 年的波动图像明显相异于另外两个年份，其蔓延度指数基本维持在较低水平，说明 2001 年在此缓冲区梯度带范围内的景观斑块是多种小斑块密集分布的状态。在第 12～17 缓冲区梯度带内，2014 年的波动图像明显相异于另外两个年份，其蔓延度指数明显较高，说明 2014 年在此缓冲区梯度带范围内的景观斑块出现了某种优势斑块类型。

总体来看，郑州市城市化进程呈现加快趋势，城市外围的斑块受干扰程度逐年增强，城市开发造成的破碎化程度高的地区逐渐向外扩展。相对于 1988—2001 年，2001—2014 年的城市建设中心向外扩展明显，在第 12～17 缓冲区梯度带内的景观多样性和蔓延性程度都明显增加。

### 5.3.2　建设用地景观水平指数梯度变化

建设用地是直接反映城市化建设的土地类型，对城市化发展规律较为敏感。为阐明城市化进程中城市空间扩张的强度、方向、增长热点等特征，针对建设用地的景观水平指数梯度变化加以分析，如图 5.6 所示。

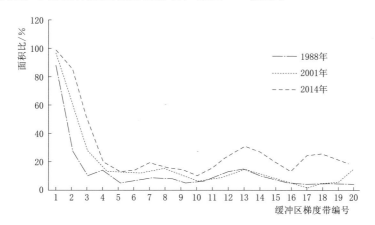

图 5.6　建设用地面积比指数在环状缓冲区梯度带上的变化

建设用地的面积比随着距市中心距离的增加，表现出不断减少的变化趋势。从时间序列上来看，2014 年的各缓冲区梯度带上的建设用地面积比大于 2001 年的建设用地面积比，2001 年的建设用地面积比总体大于 1988 年的建设用地面积比。1988 年和 2001 年，第 1～3 缓冲区梯度带的建设用地面积比增幅最大，第 4～9 缓冲区梯度带上的增幅较小，第 10～19 缓冲区梯度带上基本无增幅，说明这期间的城市建设主要发生在城市行政中心向外辐射 15km 范围内,而远离市中心的区域随着距离的增大城市建设基本停滞。2014 年,第 1~4 缓冲区梯度带和第 10~20 缓冲区梯度带的建设用地面积比均出现显著增幅,说明 2014 年的城市化建设不仅发生在市中心附近,还延伸到了郊区,郊区城市化特征明显。

建设用地斑块密度在第 0~4 缓冲区梯度带以内均表现为先升高后降低的趋势,在第 4~20 缓冲区梯度带上表现为不规律的波动(图 5.7)。距市中心 0~25km 的范围内,1988 年和 2001 年分别在距离城市中心 12km 处和 18km 处出现高峰,2014 年的峰值向外推移到 22km 处。也即斑块密度峰值出现的缓冲区梯度带位置依次往外推演,且峰值随着时间的推移逐年降低。因此,在城市中心周围,建设用地不断向外扩张,且小斑块逐渐被大型斑块代替。距市中心大于 25km 的范围内,1988 年和 2001 年的波动走向大致相同,2014 年的图像明显相异于另两个时期。

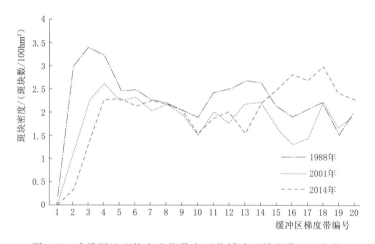

图 5.7 建设用地斑块密度指数在环状缓冲区梯度带上的变化

最大斑块指数在城市化缓冲区梯度带上表现为急剧下降至谷值,之后在谷值附近小幅波动(图 5.8)。1988 年建设用地的最大斑块指数的谷值出现在第 3 缓冲区梯度带上,2001 年建设用地的最大斑块指数的谷值出现在第 4 缓冲区梯度带上,2014 年建设用地的最大斑块指数的谷值出现在第 5 缓冲区梯度带上。这说明,建设用地持续以城市行政中心为核心向外扩张。远离城市中心的缓冲区梯度带上,1988 年和 2001 年建设用地的最大斑块指数梯度变化基本是重合的,而 2014 年建设用地的最大斑块指数在第 10~15 缓冲区梯度带上明显升高,且在第 13 缓冲区梯度带上出现了小高峰。说明随着城市化进程的推进,城市建设不仅以城市行政中心为主中心,也在郊区出现副中心,大的建设用地斑块逐渐增加并向外扩张。

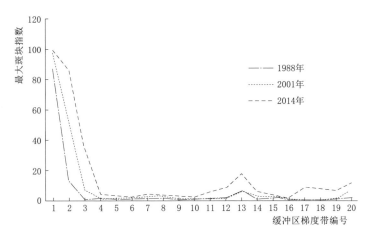

图 5.8  建设用地最大斑块指数在环状缓冲区梯度带上的变化

景观形状指数在城市化缓冲区梯度带上表现为先升高后降低的趋势（图 5.9）。第 1~12 缓冲区梯度带上，1988 年的景观形状指数大于 2001 年的景观形状指数，2001 年的景观形状指数大于 2014 年的景观形状指数，也即同区域位置的景观形状指数逐年减小。第 14 缓冲区梯度带之后，2014 年的景观形状指数超过了前两个时期。

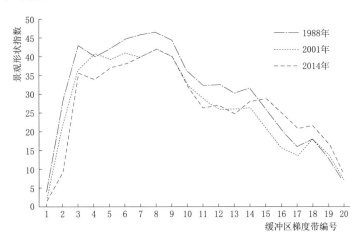

图 5.9  建设用地景观形状指数在环状缓冲区梯度带上的变化

### 5.3.3  景观格局梯度演替规律

以城市中心向外辐射建立缓冲区可反映整个行政区划范围内城市化梯度带上的景观格局时空推演规律。已有研究表明，景观格局指数和城市化梯度之间具有显著的相关性[16,152,163]。为阐明两者之间的相关性，将 1~20 个缓冲区梯度带划定为 1~5 近城市中心区缓冲区梯度带和 6~20 远城市中心区缓冲区梯度带。

景观水平指数在近城市中心区缓冲区梯度带上有规律性地变化，在远城市中心区缓冲区梯度带上并无规律性表现。例如，在第1～5缓冲区梯度带上，斑块密度、Shannon多样性指数、Shannon均匀度指数都表现出先升高再降低的特征，而最大斑块指数和蔓延度指数均呈现急剧下降的趋势。在第6～20缓冲区梯度带上，郑州市三个时期的景观格局指数变化没有统一的规律。

分析建设用地的景观水平指数梯度变化，能够揭示城市化进程中，城市空间扩张的强度、方向、增长热点等特征。结论表明，近城市中心的缓冲区梯度带上，建设用地的景观水平指数梯度变化一致。远城市中心的缓冲区梯度带上，1988年和2001年的建设用地景观水平指数梯度变化基本一致，2014年建设用地的景观水平指数梯度变化明显不同。具体地，第10～19缓冲区梯度带上，1988年和2001年建设用地面积比和最大斑块指数梯度变化基本重合，而2014年建设用地面积比和最大斑块指数明显升高，并在第13缓冲区梯度带上出现峰值，可能出现了新的建设用地增长极。

## 5.4 小　　结

本章通过对郑州市1988年、2001年、2014年的TM遥感影像的解译、分析，获得上述三个特征年份的土地利用数据，并运用景观格局指数分析和梯度分析方法揭示郑州市1988—2014年的景观格局动态和梯度变化规律，总结20多年来郑州市的城市发展历程。结果显示：

首先，郑州市1988—2014年的景观格局动态变化特征显著。从景观形状指数、斑块密度、最大斑块指数、Shannon多样性指数和蔓延度指数等多个景观水平格局指数变化方面来看，景观类型分布动态特征主要呈现出从以绿地景观类型分布占优的不均衡分布状态（1988年）向各种景观类型均匀分布状态（2001年）演化，然后再向以建设用地景观类型占优的不均衡分布状态（2014年）演化。从斑块个数、斑块密度、最大斑块指数、景观形状指数和聚集度指数等景观类型格局指数变化方面来看，建设用地景观类型、绿地景观类型和耕地景观类型都经历了从成片分布到分散布局的演化过程，表明人工干扰强度依次增强。

其次，郑州市1988—2014年的景观格局梯度变化规律显著。从斑块密度、景观形状指数、最大斑块指数、Shannon多样性指数、Shannon均匀度指数和蔓延度指数等多个景观水平指数的梯度变化来看，郑州市城市化进程的速率呈现加快趋势，城市外围的斑块受干扰程度逐渐增强，城市开发造成的破碎化程度高的地区逐渐向外扩展。相对于1988—2001年，2002—2014年的城市建设中心向外扩展明显，在第12～17缓冲区梯度带内的景观多样性和蔓延性程度都明显增加。

再者，从建设用地的景观水平指数梯度变化来看，城市建设经历了从城市中心向郊区延伸的特征，郊区城市化特征明显。靠近行政中心的城市化梯度带上，斑块密度、蔓延度、景观多样性等指数的变化规律显著，其峰值逐年向外扩张。在远离行政中心的城市化梯度带上，景观格局指数的变化无规律可言。2014年的城市远郊区景观格局梯度变化明显相异于1988年和2001年，表现出城市建设的强干扰。郑州市在城市化早期阶段，城市地域空间发展的结构是典型的单核心式，呈现"摊大饼"式的环状空间扩张。而在快速城市化发展的中后期，城市空间扩张不再是单核心式，远郊区的城市空间发展出现副中心，新的城市斑块不断出现，小型斑块合并融合成大型斑块，逐渐取代其他景观类型，最终成为优势景观类型。本研究较好阐述了大城市远郊区景观格局的发展过程，为深入探讨快速城市化地区城市生态过程提供实证。

需要注意的是，不同梯度带的设置方法直接影响景观格局指数的结果，同一梯度带设置方法下，不同步长、不同形状的缓冲区也会对景观格局指数产生影响，所以景观格局指数具有明显的尺度依赖性。然而无论采用何种梯度分析方法，城市化梯度带上景观总体变化规律是一致的，不会出现显著差异[57]。以城市化中心建立辐射缓冲区的方法设置梯度带，能够较全面地反映研究区范围内景观格局总体特征，并且具有简便易操作的特点。粒度对景观格局指数结果有显著影响，采用分辨率更高的影响数据能够提高景观分析的准确性，本书研究采用季相一致的TM影像并通过监督分类结合土地利用数据纠正的方法确保分类精度。城市景观的快速增长是由斑块的发展、合并和新斑块不断出现共同构成的一个复杂过程，受到社会经济发展、区位、交通和土地资源特征等诸多因素影响[164]。郑州市是中国内地城市快速扩张的典型城市之一，随着城市化进程的推进，城市远郊区出现不同程度的城镇化现象。城市远郊，由原本的以农业活动为主转变为农业活动和非农业活动并存，景观格局动态演化十分显著[165-166]，是生态环境脆弱的地带。

# 第6章

## 景观格局对暴雨径流过程的影响机制

人类活动引起土地利用格局的变化，地表景观类型、结构的改变致使生态过程发生改变。城市内涝灾害作为城市频发的灾种，受土地利用影响较大。在抵御洪涝灾害的过程中，人类逐渐认识到地表下垫面的格局改变是致灾的主要因素之一，经历了从与水对抗到与水共生的观念转变。

美国采取各种非工程性的防洪措施，调整土地利用政策就是其中重要的一个分项[167]。日本在连续经历几次大洪灾后，开始实行"综合治水对策"[168]。从人类治水的历史经验可以得出，仅靠工程性的治水措施不能解决大尺度的城市水灾问题，必须放眼整个流域或区域，以促进水循环、恢复水生态过程为终极目标开展综合的景观格局优化工作。在进行基于水安全的景观格局优化之前，必须深入剖析洪水的形成过程，明确土地利用方式与强度对流域产流汇流的作用机理，分析土地利用方式对流域径流系数的影响机制。近些年，郑州市的城市建设日新月异，伴随的洪涝灾害也日益严重，研究暴雨径流与景观格局之间的响应机制势在必行。

## 6.1　构建 SCS 水文模型

构建 SCS 水文模型估算区域径流量。*CN* 值是 SCS 水文模型中的重要参数，是计算的关键。根据 SCS 水文模型对参数的定义解读，*CN* 值为土地利用类型、土壤类型、前期土壤湿润程度等下垫面因素的函数。*CN* 值的大小反映了流域下垫面的产流能力。因此，构建 SCS 水文模型的关键是确定 *CN* 值，而确定 *CN* 值的前提条件是提取到研究区土地利用分布的栅格数据和土壤类型分布的栅格数据。

### 6.1.1　水文土壤分类

根据国家地球系统科学数据共享平台提供的《河南省 1：20 万分县土壤类型图（1988）》，河南省全省土壤划分为 7 个土纲，11 个亚纲，17 个土类，40 个亚类，131 个土属和 441 个土种。利用 ArcGIS 裁切工具得到的郑州市土壤类型图显示：郑州市土壤包含 21 个土种，土壤质地有砂土、砾石土、粉壤土、粉砂壤土、砂壤土、砂黏壤土、黏土 7 类。

　　SCS 模型有其特有的土壤分类系统，根据 SCS 水文模型对于土壤组的定义指标（表 6.1），将郑州市包含的所有土种进行一对一归并，得到符合 SCS 模型的土壤分类结果（表 6.2）。从水文土壤组的定义指标可以看出，A 类土壤是指具有较高下渗率的砂土；B 类土壤主要是壤土；C 类土壤是黏质含量高的砂黏壤土；D 类土壤是下渗率最低的黏土类。因此，从土壤性质方面看各类土壤的产流量，产流从小到大的水文土壤组依次是 A 类、B 类、C 类和 D 类。

表 6.1　　　　　　　　　　　水文土壤组定义指标

| 水文土壤组 | 最小下渗率/(mm/h) | 土　壤　质　地 |
|---|---|---|
| A | ＞7.26 | 砂土、砾石土、壤质砂土、砂质壤土 |
| B | 3.81～7.26 | 壤土、粉砂壤土、砂壤土、粉壤土 |
| C | 1.27～3.81 | 砂黏壤土 |
| D | 0.00～1.27 | 黏壤土、粉砂黏壤土、砂黏土、粉黏土、黏土 |

表 6.2　　　　　　　　　　　郑州市土壤的水文土壤组

| 土壤质地 | 土　壤　类　型 | 水文土壤组 |
|---|---|---|
| 砂土 | 草甸风沙土、沙土 | A |
| 砾石土 | 钙质粗骨土、中性石质土、硅质粗骨土 | |
| 粉壤土 | 两合土、小两合土 | B |
| 粉砂壤土 | 灌淤潮土、湿潮土、石灰性紫色土、脱潮土、淤土 | |
| 砂壤土 | 盐化潮土、碱性潮土 | |
| 砂黏壤土 | 褐土、淋溶褐土、潮褐土、褐土性土、石灰性褐土、棕壤性土 | C |
| 黏土 | 积钙红黏土、红黏土 | D |

　　郑州市水文土壤组的分布显示，郑州市中部大部分地区的土质属 C 类，A 类和 B 类水文土壤组集中分布在郑州市东北部地区，D 类水文土壤组仅在郑州西部零星分布。水文土壤组的分布是影响研究区产流能力的因素之一，因土壤属性较稳定，土壤分类结果将作为不变值与土地利用数据叠加，用于降雨-径流模拟计算。

## 6.1.2　确定 CN 值

　　根据模型含义，CN 值为土地利用类型、土壤类型、前期土壤湿润程度等下垫面因素的函数。一般地，在相同的降雨条件下，下垫面产流能力高，对应 CN 值较大，反之亦然。因此，确定研究区的 CN 值是径流模拟的首要任务，CN 值直接影响模型的精度。根据美国农业部水土保持局提供的城市区域 $CN$ 值查算表，充分参考前人的研究成果[169-170]，结合郑州市的自然条件，确定 $AMC_{II}$ 条件下的 $CN_{II}$ 值，见表 6.3。

表 6.3　　　　　　　　　研究区在 $AMC_{II}$ 条件下的 $CN_{II}$ 值

| 土地利用类型 | 不同水文土壤组的 $CN_{II}$ 值 | | | |
| --- | --- | --- | --- | --- |
| | A | B | C | D |
| 林地 | 25 | 55 | 70 | 77 |
| 耕地 | 67 | 78 | 85 | 89 |
| 草地 | 39 | 61 | 74 | 80 |
| 建设用地 | 77 | 85 | 90 | 92 |
| 未利用地 | 72 | 82 | 88 | 90 |
| 水体 | 100 | 100 | 100 | 100 |

由于 $CN$ 值的大小同样受降雨前土壤湿润程度的影响。SCS 模型将土壤湿润程度根据前 5d 的总雨量划分为三类，分别代表干、平均、湿三种状态（$AMC_I$、$AMC_{II}$、$AMC_{III}$），不同湿润状况的 $CN$ 值之间有转换公式。

根据 $AMC_{II}$ 条件下不同土壤类型及土地类型的 $CN_{II}$ 指标，利用公式可以推求出 $AMC_I$、$AMC_{III}$ 条件下相应的 $CN_I$、$CN_{III}$ 的取值，见表 6.4 和表 6.5。

表 6.4　　　　　　　　　研究区在 $AMC_I$ 条件下的 $CN_I$ 值

| 土地利用类型 | $AMC_{II}$ 条件下的 $CN_I$ 值 | | | |
| --- | --- | --- | --- | --- |
| | A | B | C | D |
| 林地 | 12.3 | 33.9 | 49.5 | 58.4 |
| 耕地 | 46 | 59.8 | 70.4 | 77.3 |
| 草地 | 21.2 | 39.6 | 54.4 | 62.7 |
| 建设用地 | 58.4 | 70.4 | 79.1 | 82.8 |
| 未利用地 | 51.9 | 65.7 | 75.5 | 79.1 |
| 水体 | 100 | 100 | 100 | 100 |

表 6.5　　　　　　　　　研究区在 $AMC_{III}$ 条件下的 $CN_{III}$ 值

| 土地利用类型 | $AMC_{III}$ 条件下的 $CN_{III}$ 值 | | | |
| --- | --- | --- | --- | --- |
| | A | B | C | D |
| 林地 | 43.4 | 73.8 | 84.3 | 88.5 |
| 耕地 | 82.4 | 89.1 | 92.9 | 94.9 |
| 草地 | 59.5 | 78.2 | 86.7 | 90.2 |

续表

| 土地利用类型 | AMC$_{\text{Ⅲ}}$条件下的 CN$_{\text{Ⅲ}}$值 | | | |
|---|---|---|---|---|
| | A | B | C | D |
| 建设用地 | 88.5 | 92.9 | 95.4 | 96.4 |
| 未利用地 | 85.5 | 91.3 | 94.4 | 95.4 |
| 水体 | 100 | 100 | 100 | 100 |

### 6.1.3 模型验证

常庄水库位于郑州市市区西南的贾鲁河支流贾峪河上。选取常庄水库在 2001 年的 10 场降雨,用 SCS 水文模型模拟计算这 10 场降雨的水库产汇流结果,与水库实测资料对比,分析模型的精度。计算产流量的相对误差在 1.2% ~ 9.8%,表明模型的模拟结果基本符合实际情况。因此,SCS 模型可用于郑州市的暴雨径流模拟。

# 6.2 产流效应的空间格局

### 6.2.1 CN 等值线图

CN 值的空间分布是连续的,表示下垫面的产流效应在地表的空间格局。CN 等值线是流域内有相同 CN 值的各个位置点的连线,能形象地表示流域各点的产流能力,揭示空间分布特征[171]。在研究区 1988 年、2001 年、2014 年三期土地利用分类图上叠加研究区土壤类型图,依据 CN 值赋值表对每一个栅格进行 CN 赋值,利用 ArcGIS 的空间分析工具中的等值线分析,得到研究区三期三种 AMC 条件下 CN 值等值线图(图 6.1)。CN 等值线图体现了研究区 1988 年、2001 年、2014 年三期 CN 值的空间分布特征。

### 6.2.2 同一时期、不同 AMC 下 CN 的变化

横向观察 CN 等值线图(图 6.1),同一年份,不同土壤湿润程度条件下,郑州市 CN 等值线的变化。可以看出,同一时期,随着土壤湿润度由干到湿的

(a) 1988年AMC$_{\text{Ⅰ}}$条件下CN等值线图　　　　　(b) 1988年AMC$_{\text{Ⅱ}}$条件下CN等值线图

图 6.1 (一)　不同时期流域三种 AMC 情景下 CN 值分布

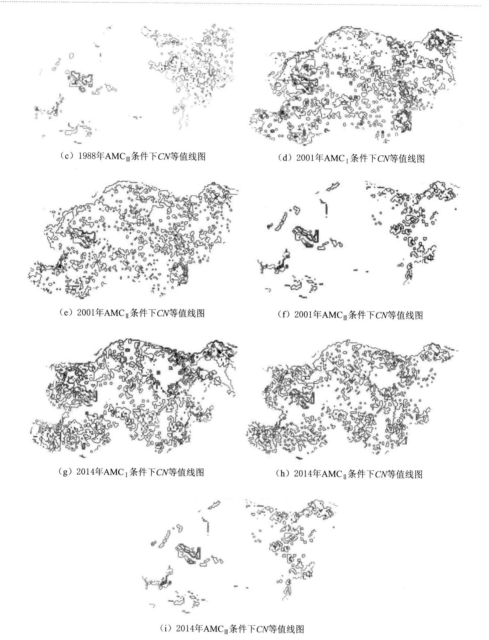

（c）1988年AMC$_{\text{III}}$条件下$CN$等值线图　　　　　（d）2001年AMC$_{\text{I}}$条件下$CN$等值线图

（e）2001年AMC$_{\text{II}}$条件下$CN$等值线图　　　　　（f）2001年AMC$_{\text{III}}$条件下$CN$等值线图

（g）2014年AMC$_{\text{I}}$条件下$CN$等值线图　　　　　（h）2014年AMC$_{\text{II}}$条件下$CN$等值线图

（i）2014年AMC$_{\text{III}}$条件下$CN$等值线图

图 6.1（二）　不同时期流域三种 AMC 情景下 $CN$ 值分布

变化（AMC$_{\text{I}}$→AMC$_{\text{II}}$→AMC$_{\text{III}}$），$CN$ 等值线逐渐变得稀疏，表明研究区土地利用类型及土壤等下垫面条件各不相同的各点产流能力趋于均一化；$CN$ 等值线总体分布趋势没有变化，产流高值区大体一致，仍能较好地反映不同下垫面的水文效应。

### 6.2.3 相同 AMC、不同时期 CN 的变化

纵向观察 CN 等值线图，相同土壤湿润条件下，郑州市不同时期的 CN 等值线变化。随着城市化进程的推进，产流高值区之间的联系加强，面积增大，而产流低值区变得更加破碎，面积不断缩小。以土壤湿润条件 $AMC_{II}$ 为例，统计了不同时期郑州市 CN 值所占土地面积矩阵（表 6.6）。1988—2001 年，CN 值在 61～70 的土地面积显著增加，增加比例为 15.3%；2001—2014 年，CN 值在 71～80 的土地面积增幅最大，增加比例为 7.6%。比较 1988—2001 年和 2001—2014 年这两个时期，增加的高产流区土地对应的 CN 取值范围增大，从 61～70 转变为 71～80。由此可见，随着城市化进程的推进，下垫面的产流能力增强。通过前文对郑州市土地利用数量变化和土地利用空间转移矩阵的分析，1988—2001 年和 2001—2014 年的土地利用空间转移类型不同。1988—2001 年是郑州市城市化建设的起步阶段，城市建设和农林业生产并重，农林业生产的土地仍占据相当的比重。2002—2014 年是郑州市城市化快速发展时期，人民群众对物质资料的需求转变为对提高生活环境质量的期待，故城市建设和绿色空间营造并重，城市建设的规模和强度在这一时期不断深化，草地面积呈报复性增长，从而解释了 2002—2014 年的高产流地对应的 CN 取值更大，但增幅比例并未超过 1988—2001 年的原因。

**表 6.6**　　　　　　　**郑州市不同时期各级 CN 值所占土地面积矩阵**

| CN 值 | 指标 | 前期土壤湿润程度为中等（$AMC_{II}$） | | | | | |
|---|---|---|---|---|---|---|---|
| | | 1988 | 2001 | 2014 | 1988—2001 | 2001—2014 | 1988—2014 |
| ≤30 | $S/km^2$ | 63.1 | 116.3 | 61.4 | 53.2 | −54.9 | −1.7 |
| | P/% | 0.9 | 1.6 | 0.8 | 0.8 | −0.8 | 0 |
| 31～40 | $S/km^2$ | 702.6 | 309.9 | 343.5 | −392.7 | 33.6 | −359.1 |
| | P/% | 9.7 | 4.3 | 4.7 | −5.4 | 0.4 | −5.0 |
| 41～50 | $S/km^2$ | 0 | 0 | 0 | 0 | 0 | 0 |
| | P/% | 0 | 0 | 0 | 0 | 0 | 0 |
| 51～60 | $S/km^2$ | 4.6 | 50.2 | 8.2 | 45.6 | −42.0 | 3.6 |
| | P/% | 0 | 0.7 | 0.1 | 0.7 | −0.6 | 0.1 |
| 61～70 | $S/km^2$ | 739.2 | 1853.0 | 1408.1 | 1113.8 | −444.9 | 668.9 |
| | P/% | 10.2 | 25.5 | 19.4 | 15.3 | −6.1 | 9.2 |
| 71～80 | $S/km^2$ | 3615.1 | 3027.1 | 3578.7 | −588.0 | 551.6 | −36.4 |
| | P/% | 49.8 | 41.7 | 49.3 | −8.1 | 7.6 | −0.5 |
| 81～90 | $S/km^2$ | 1767.6 | 1526.4 | 1542.8 | −241.2 | 16.4 | −224.8 |
| | P/% | 24.3 | 21.0 | 21.2 | −3.3 | 0.2 | −3.1 |
| 91～100 | $S/km^2$ | 373.6 | 382.9 | 323.1 | 9.3 | −59.8 | −50.5 |
| | P/% | 5.1 | 5.3 | 4.4 | 0.2 | −0.9 | −0.7 |

注　S—指定 CN 取值范围的土地面积；P—指定 CN 取值范围的土地面积占总面积的比例。

为深入地分析研究区高、低产流区的分布特点及产流地的土地利用类型，将 $CN \geqslant 80$ 的区域划定为高产流区，$50 < CN < 80$ 的区域划定为中产流区，$CN \leqslant 50$ 的区域划定为低产流区，绘制不同时期郑州市 $CN$ 值分级分布图。根据不同时期郑州市 $CN$ 值分级分布图示，高产流区（$CN \geqslant 80$）大致可分为集中布局和分散布局两种。集中布局区域主要在荥阳市北部邙山一带，并逐步向东发展至郑州市中心；分散布局在郑州南部的县级市中心区附近。低产流区（$CN \leqslant 50$）主要分布在中牟县南部大片区域和巩义市东南部高山区。中牟县南部植被覆盖度高，同时受伏牛山余脉影响，地势起伏较大。各时期的产流高值区和低值区的相对中心位置没有明显变化，只是空间格局和各级土地面积有变化。

统计 $AMC_{II}$ 情景下，郑州市高产流区（$CN \geqslant 80$）、低产流区（$CN \leqslant 50$）的土地类型（表 6.7、表 6.8）。从表中可以看出，1988 年、2001 年、2014 年的高产流区总面积分别为 2223.5km²、1999.1km²、1957.2km²，总体变化不大，高产流区出现的土地类型有五种，分别是未利用地、建设用地、耕地、草地和水体。其中，未利用地、建设用地和耕地的面积总和基本占到了高产流区总面积的 85%。1988 年的高产流区，未利用地、建设用地和耕地的比例相差不大，说明这三类土地类型的贡献相当。2014 年高产流区的建设用地的比例显著提高，达到 61.5%，成为 2014 年高产流区贡献率最大的土地类型。未利用地高产流区的面积减少，比例由 1988 的 34.1% 下降到 2014 年的 8.5%。由此可见，随着郑州市城市化程度的加剧，虽然高产流区的总面积变化不大，但是土地类型结构发生了巨大变化，其他类型土地被建设用地取代，人类活动集中的建设用地成为高产流区的主要土地类型，也即高产流区的土地结构有单一化发展趋势。

**表 6.7**　　　　　　　　**AMC$_{II}$ 条件下高产流区（$CN \geqslant 80$）土地类型**

| 土地类型 ($CN \geqslant 80$) | 1988 年 | | 2001 年 | | 2014 年 | |
|---|---|---|---|---|---|---|
| | 面积/km² | 比例/% | 面积/km² | 比例/% | 面积/km² | 比例/% |
| 未利用地 | 758.9 | 34.1 | 264.7 | 13.2 | 165.6 | 8.5 |
| 建设用地 | 495.8 | 22.3 | 729.4 | 36.5 | 1202.9 | 61.5 |
| 耕地 | 636.8 | 28.6 | 672.9 | 33.7 | 278.8 | 14.2 |
| 草地 | 124.7 | 5.7 | 124.7 | 6.2 | 187.6 | 9.6 |
| 水体 | 207.3 | 9.3 | 207.4 | 10.4 | 122.3 | 6.2 |
| 林地 | 0 | 0 | 0 | 0 | 0 | 0 |
| 合计 | 2223.5 | 100 | 1999.1 | 100 | 1957.2 | 100 |

表 6.8　AMC$_\text{II}$ 条件下高产流区（CN≤50）土地类型

| 土地类型<br>（CN≤50） | 1988 年 | | 2001 年 | | 2014 年 | |
|---|---|---|---|---|---|---|
| | 面积/km$^2$ | 比例/% | 面积/km$^2$ | 比例/% | 面积/km$^2$ | 比例/% |
| 林地 | 63.9 | 8.3 | 116.3 | 27.3 | 61.4 | 15.2 |
| 草地 | 703.4 | 91.7 | 309.9 | 72.7 | 343.5 | 84.8 |
| 水体 | 0 | 0 | 0 | 0 | 0 | 0 |
| 耕地 | 0 | 0 | 0 | 0 | 0 | 0 |
| 建设用地 | 0 | 0 | 0 | 0 | 0 | 0 |
| 未利用地 | 0 | 0 | 0 | 0 | 0 | 0 |
| 合计 | 767.3 | 100 | 426.2 | 100 | 404.9 | 100 |

低产流区仅出现了两种土地类型，即林地和草地。1988 年、2001 年、2014 年的低产流区的总面积分别为 767.3km$^2$、426.2km$^2$、404.9km$^2$，面积逐渐减少。

由以上分析得到，1988—2014 年，随着郑州市城市化程度的提高，建设用地成为高产流的主要土地类型，而未利用地和具有较好保水作用的土地利用类型面积减少，这种土地利用结构化的改变对城市水文的影响表现在相同降雨条件下地表径流系数大大增加，产流量增大。

# 6.3　设计暴雨径流模拟

## 6.3.1　不同重现期设计雨量

推算可能最大降雨量的方法可归纳为两种，水文气象法和频率计算法。本节采用频率计算法求算郑州市不同重现期的设计降雨量。我国广泛应用的水文频率曲线有两种类型，即正态分布和皮尔逊Ⅲ型分布。根据文献分析，选择皮尔逊Ⅲ概率分布测算不同重现期的设计雨量，选择 1h、6h、24h 三个统计时长，由河南省降雨统计特性等值线图查得皮尔逊Ⅲ概率分布函数的参数取值（表 6.9），并借助这些参数和皮尔逊Ⅲ型频率曲线的离均系数 Φ 值表，计算不同重现期的设计降雨量（表 6.10）。

表 6.9　郑州市雨量频率参数

| 统计参数 | 最大 1h | 最大 6h | 最大 24h |
|---|---|---|---|
| 均值/mm | 45.00 | 70.00 | 100.00 |
| $C_\text{v}$ | 0.52 | 0.55 | 0.53 |
| $C_\text{s}/C_\text{v}$ | 3.50 | 3.50 | 3.50 |

表 6.10　郑州市不同重现期设计降雨量

| 降雨频率/% | 设计降雨量/mm | | |
|---|---|---|---|
| | 最大 1h 降雨量 | 最大 6h 降雨量 | 最大 24h 降雨量 |
| 99 | 19.5 | 28.0 | 43.3 |
| 90 | 23.0 | 33.8 | 50.7 |
| 50（2 年一遇） | 39.3 | 58.8 | 85.2 |
| 20（5 年一遇） | 59.9 | 94.3 | 133.9 |
| 10（10 年一遇） | 75.9 | 120.4 | 169.9 |
| 5（20 年一遇） | 91.3 | 146.6 | 204.9 |
| 2（50 年一遇） | 11.7 | 180.9 | 251.1 |
| 1（100 年一遇） | 126.9 | 206.7 | 287.1 |

## 6.3.2　汇水区径流模拟

　　降雨径流模拟是基于汇水区的分析模拟。汇水区的边界和面积大小与地块的地形地貌有关，与行政区划无关。郑州市是一个行政区划，不能作为降雨径流模拟的研究区。因此，必须借助 ArcGIS 的水文分析模块提取郑州市的汇水分区，获得郑州市汇水分区图。

　　为揭示在城市化发展过程中下垫面土地利用的变化与降雨径流之间的关系，选择位于郑州市主城区的一个汇水区作为径流模拟的研究对象。将该汇水区下垫面的土地利用斑块根据产流能力进行划分，也即每个斑块对应一个 $CN$ 值。由 SCS 水文模型计算该汇水区内所有土地斑块的径流量。每个斑块的径流量与斑块面积的乘积为该斑块的产流体积。汇水区内所有土地斑块的产流体积之和为汇水区的总产流体积。汇水区总产流体积除以汇水区总面积可得汇水区的平均径流量。根据郑州市不同重现期设计降雨量（表 6.10），选择郑州市最大 24h 降雨频率为 1%、2%、5%、10%、50%、90%、95%、99% 的八种暴雨作为降雨条件，计算位于主城区的这个汇水区在 1988 年、2001 年、2014 年三种不同土地利用状况，三种不同前期土壤湿润程度的平均径流量。为便于分析，将同时期、不同前期土壤湿润程度的径流量结果绘制成图（图 6.2～图 6.4），将相同前期土壤湿润程度、不同时期的径流量结果绘制成图（图 6.5）。

　　分析图 6.2～图 6.4 发现，相同时期、各指定降雨频率的暴雨条件下，前期土壤湿润程度 $AMC_{III}$ 的径流量＞$AMC_{II}$ 的径流量＞$AMC_{I}$ 的径流量。前期土壤湿润程度越干，土壤可吸纳的降雨越多，地表径流越少。相同时期、相同前期土壤湿润程度下，汇水区径流量随暴雨量的增大而增大，且径流量的增幅绝对量逐渐增大。根据图 6.5，前期土壤湿润程度为 $AMC_{II}$，各指定降雨频率下，2001 年径流量＞2014 年径流量＞1988 年径流量，说明该汇水区 2001 年的产流

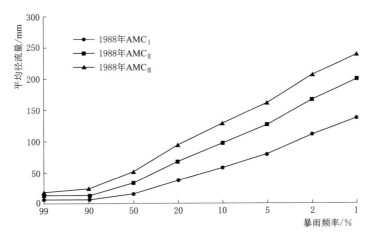

图 6.2　汇水区 1988 年不同暴雨频率的暴雨平均径流量

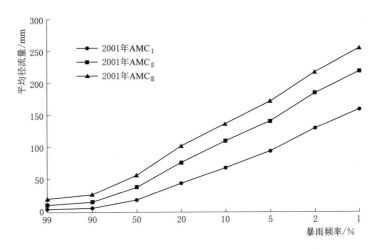

图 6.3　汇水区 2001 年不同暴雨频率的暴雨平均径流量

能力最大。随着城市化进程的推进，建设用地的面积不断增大，下垫面的不透水性增强，预想的结果是 2014 年的产流能力应为最大。模型计算的结果和预期结果不符，需要做进一步分析。相同前期土壤湿润程度、相同暴雨量的前提下，造成产流能力差异的原因是下垫面的结构组成。为分析 1988 年、2001 年、2014 年的下垫面组成结构，将前期土壤湿润程度中等时（AMC$_{II}$），下垫面的 $CN$ 值依据≤39、40～67、68～78、79～90、91～100 分成五大类，具体分析不同时期各 $CN$ 取值范围下的土地面积及土地类型组成比例。

　　$CN$ 值的高低直接反映地表下垫面的产流能力。从图 6.6 可以看出，2001年和 2014 年的高产流地面积较 1988 年增大，2001 年和 2014 年的低产流地面积

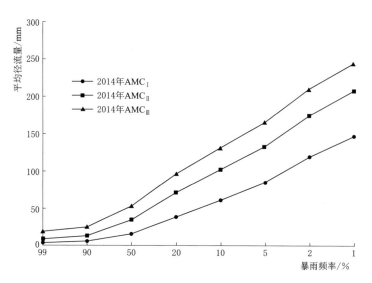

图 6.4　汇水区 2014 年不同暴雨频率的暴雨平均径流量

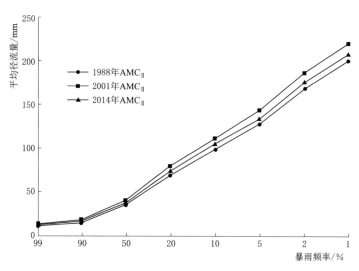

图 6.5　$AMC_{II}$ 条件下，汇水区不同时期不同暴雨频率的暴雨平均径流量

较 1988 年减少，所以相同降雨量、相同前期土壤湿润程度下，1988 年的径流量最小（图 6.5）。下垫面绝大多数土地集中在 $CN$ 值 68～78 和 79～90 这两个取值范围内，对比 2001 年和 2014 年不同产流能力土地面积变化，发现 2014 年 $CN$ 取值在 68～78 范围的土地面积显著增大，而两个时期 $CN$ 取值在 79～90 范围的土地面积基本相等。仅从 $CN$ 这两个取值范围对应的土地面积变化来看，2014 年的暴雨径流理应大于 2001 年，而模型计算的结果却相反。观察图 6.6 发

现，三个时期在 $CN$ 取值范围 $91\sim100$ 的土地面积，2001 年最大，2014 年最小。2001 年的径流量大于 2014 年的径流量有可能是这部分极高产流土地面积的增大引起的。

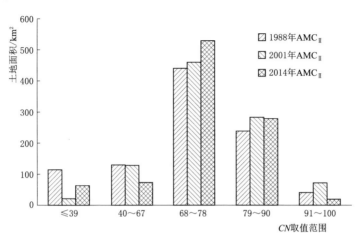

图 6.6　不同时期 $CN$ 取值范围的土地面积

统计五类 $CN$ 取值范围下的土地类型及面积（表 6.11）。$CN$ 取值在 $91\sim$ 100 的土地类型只有一种，即水体。汇水区 1988 年的水域面积占总面积的比例为 $4\%$，2001 年水域面积增大，比例增至 $7\%$，2014 年水体面积锐减，比例为 $2.1\%$。虽然水体面积占比不大，但是水体的 $CN$ 赋值为 100，对径流量的计算结果产生较大影响。另外，2001 年的遥感影像拍摄于 8 月，正值汛期，汇水区内的水库库容增大极有可能是水体面积增大的主要原因。$CN$ 取值在 $68\sim78$ 的土地类型有耕地、林地、草地、建设用地和未利用地，2014 年该 $CN$ 取值范围的土地增幅明显，而增量主要原因是建设用地面积的增大。因此，城市建设带来的下垫面改变是地表暴雨径流增大的主要原因之一。

表 6.11　　　　　　　　$CN$ 取值分类下的土地类型与土地面积

| $CN$ 取值范围 | 土地类型 | 面　　积/km$^2$ | | |
| --- | --- | --- | --- | --- |
| | | 1988 年 | 2001 年 | 2014 年 |
| $\leqslant39$ | 草地 | 114 | 21.6 | 62.9 |
| | 耕地 | 84.2 | 117.8 | 22 |
| $40\sim67$ | 草地 | 45.9 | 10.3 | 51.8 |
| | 总和 | 130.1 | 128.1 | 73.8 |
| $68\sim78$ | 耕地 | 95.6 | 68.3 | 36.9 |
| | 草地 | 183.5 | 182.7 | 174.3 |

续表

| CN 取值范围 | 土地类型 | 面　积/km² | | |
|---|---|---|---|---|
| | | 1988 年 | 2001 年 | 2014 年 |
| 68～78 | 建设用地 | 121.6 | 203.7 | 287.4 |
| | 林地 | 0.4 | 0 | 31.8 |
| | 未利用地 | 39.7 | 5.7 | 0 |
| | 总和 | 440.8 | 460.4 | 530.4 |
| 79～90 | 耕地 | 116.9 | 108.6 | 32.8 |
| | 建设用地 | 68 | 164.9 | 233.6 |
| | 未利用地 | 54 | 10.6 | 12.5 |
| | 总和 | 238.9 | 284.1 | 278.9 |
| 91～100 | 水体 | 42.1 | 72.2 | 20.4 |

　　径流量也称径流深度，降雨量也称降雨深度。任意时段内的径流深度与同时段内的降雨深度的比值是径流系数。径流系数是 0～1 之间的数值，它能综合反映汇水区下垫面对降雨-径流关系的影响。径流系数越大，表明径流越丰富，内涝风险越大。

　　汇水区的三个时期的土地类型-CN 图上，依据 SCS 产流公式，选择 24h 暴雨频率为 90%、50%、10% 的设计降雨量为模型输入值，计算各土地利用斑块的径流量。各斑块的径流量与降雨量的比值是其径流系数。为了更好地说明径流系数的变化，计算得到了不同时期，三种 AMC 条件下，三种暴雨频率的径流系数土地面积矩阵（表 6.12）。

表 6.12　　　　　　不同时期，三种暴雨强度下汇水区径流系数的

土地面积矩阵（$AMC_I$）

| 径流系数 | 指标 | 24h 暴雨频率 90% | | | 24h 暴雨频率 50% | | | 24h 暴雨频率 10% | | |
|---|---|---|---|---|---|---|---|---|---|---|
| | | 1988 年 | 2001 年 | 2014 年 | 1988 年 | 2001 年 | 2014 年 | 1988 年 | 2001 年 | 2014 年 |
| 0～0.1 | $S/km^2$ | 580.8 | 593.5 | 604.3 | 354.2 | 316.5 | 280 | 113.6 | 21.6 | 62.9 |
| | $P/\%$ | 60 | 61 | 63 | 37 | 33 | 29 | 12 | 2 | 6 |
| 0.1～0.2 | $S/km^2$ | 151.3 | 191.2 | 136.3 | 330.4 | 293.5 | 387.1 | 130.9 | 128.1 | 73.9 |
| | $P/\%$ | 16 | 20 | 14 | 34 | 30 | 40 | 14 | 13 | 8 |
| 0.2～0.3 | $S/km^2$ | 78.6 | 87.8 | 142.5 | 160.4 | 196.3 | 136.4 | 223.6 | 188.4 | 206.1 |
| | $P/\%$ | 8 | 9 | 15 | 17 | 20 | 14 | 33 | 20 | 21 |
| 0.3～0.4 | $S/km^2$ | 0 | 0 | 0 | 44.8 | 5.5 | 12.4 | 217.2 | 271.9 | 324.3 |
| | $P/\%$ | 0 | 0 | 0 | 5 | 1 | 1 | 22 | 28 | 34 |

| 径流系数 | 指标 | 24h 暴雨频率 90% | | | 24h 暴雨频率 50% | | | 24h 暴雨频率 10% | | |
|---|---|---|---|---|---|---|---|---|---|---|
| | | 1988 年 | 2001 年 | 2014 年 | 1988 年 | 2001 年 | 2014 年 | 1988 年 | 2001 年 | 2014 年 |
| 0.4~0.5 | $S/km^2$ | 113.4 | 21.6 | 62.9 | 33.6 | 82.3 | 130.1 | 9.2 | 5.1 | 0 |
| | $P/\%$ | 12 | 2 | 6 | 3 | 8 | 14 | 1 | 1 | 0 |
| 0.5~0.6 | $S/km^2$ | 0 | 0 | 0 | 0 | 0 | 0 | 196.1 | 196.7 | 148.7 |
| | $P/\%$ | 0 | 0 | 0 | 0 | 0 | 0 | 21 | 20 | 15 |
| 0.6~0.7 | $S/km^2$ | 0 | 0 | 0 | 0.8 | 0 | 0 | 33.6 | 82.3 | 130.1 |
| | $P/\%$ | 0 | 0 | 0 | 0 | 0 | 0 | 3 | 8 | 14 |
| 0.7~0.8 | $S/km^2$ | 0 | 0 | 0 | 0 | 0 | 0 | 0 | 0 | 0 |
| | $P/\%$ | 0 | 0 | 0 | 0 | 0 | 0 | 0 | 0 | 0 |
| 0.8~0.9 | $S/km^2$ | 0 | 0 | 0 | 0 | 0 | 0 | 0 | 0 | 0 |
| | $P/\%$ | 0 | 0 | 0 | 0 | 0 | 0 | 0 | 0 | 0 |
| 0.9~1 | $S/km^2$ | 42.1 | 72.2 | 20.4 | 42.1 | 72.2 | 20.4 | 57 | 72.2 | 20.4 |
| | $P/\%$ | 4 | 8 | 2 | 4 | 8 | 2 | 4 | 8 | 2 |

分析汇水区三种暴雨强度下，不同时期各等级径流系数对应的土地面积矩阵。随着设计暴雨量的增大，较小径流系数对应的土地面积减少，数值较大的径流系数对应的土地面积逐渐增大。例如，$AMC_I$ 条件下，降雨频率为 90% 时，径流系数 0~0.1 的土地面积占比约 60%；而当降雨频率为 50% 时，径流系数 0~0.1 的土地面积占比约 30%；降雨频率为 10% 时，土地面积进一步减少。相应地，降雨频率为 90% 和 50% 时，径流系数 0.5~0.6 的土地面积为零，而降雨频率达 10%，也即 10 年一遇的大暴雨时，径流系数在 0.5~0.6 之间的土地面积占比从 0 增至 20% 左右。因此，从表 6.12~表 6.14 均可以看出，降雨量增大导致地表径流量增大的动态过程实则是低产流的土地向高产流土地转移的过程。

表 6.13　　　　　三种暴雨强度下，不同时期汇水区径流系数的土地面积矩阵（$AMC_{II}$）

| 径流系数 | 指标 | 24h 暴雨频率 90% | | | 24h 暴雨频率 50% | | | 24h 暴雨频率 10% | | |
|---|---|---|---|---|---|---|---|---|---|---|
| | | 1988 年 | 2001 年 | 2014 年 | 1988 年 | 2001 年 | 2014 年 | 1988 年 | 2001 年 | 2014 年 |
| 0~0.1 | $S/km^2$ | 243.8 | 149.7 | 136.8 | 114.4 | 21.6 | 63 | 114 | 21.6 | 63 |
| | $P/\%$ | 25 | 15 | 14 | 12 | 2 | 6 | 12 | 2 | 6 |
| 0.1~0.2 | $S/km^2$ | 223.6 | 188.4 | 206.1 | 45.9 | 10.3 | 51.8 | 0 | 0 | 0 |
| | $P/\%$ | 23 | 19 | 21 | 5 | 1 | 5 | 0 | 0 | 0 |
| 0.2~0.3 | $S/km^2$ | 217.2 | 271.9 | 324.2 | 84.6 | 117.8 | 53.8 | 0.4 | 0 | 0 |
| | $P/\%$ | 22 | 28 | 34 | 9 | 12 | 6 | 0 | 0 | 0 |

续表

| 径流系数 | 指标 | 24h暴雨频率90% | | | 24h暴雨频率50% | | | 24h暴雨频率10% | | |
|---|---|---|---|---|---|---|---|---|---|---|
| | | 1988年 | 2001年 | 2014年 | 1988年 | 2001年 | 2014年 | 1988年 | 2001年 | 2014年 |
| 0.3~0.4 | S/km² | 161.2 | 196.3 | 136.4 | 344.8 | 392 | 461.7 | 45.9 | 10.3 | 51.8 |
| | P/% | 17 | 20 | 14 | 36 | 40 | 48 | 5 | 1 | 5 |
| 0.4~0.5 | S/km² | 44.8 | 5.5 | 12.4 | 104.8 | 73.4 | 36.9 | 84.2 | 117.8 | 22 |
| | P/% | 5 | 1 | 2 | 11 | 8 | 4 | 9 | 12 | 2 |
| 0.5~0.6 | S/km² | 33.6 | 82.3 | 130.1 | 151.2 | 191.2 | 136.3 | 223.6 | 188.4 | 206.1 |
| | P/% | 4 | 9 | 13 | 15 | 20 | 14 | 23 | 19 | 21 |
| 0.6~0.7 | S/km² | 0 | 0 | 0 | 78.5 | 87.8 | 142.5 | 226.4 | 277 | 324.3 |
| | P/% | 0 | 0 | 0 | 8 | 9 | 15 | 23 | 29 | 34 |
| 0.7~0.8 | S/km² | 0 | 0 | 0 | 0 | 0 | 0 | 196.1 | 196.7 | 148.7 |
| | P/% | 0 | 0 | 0 | 0 | 0 | 0 | 20 | 20 | 16 |
| 0.8~0.9 | S/km² | 0 | 0 | 0 | 0 | 0 | 0 | 33.6 | 82.3 | 130.1 |
| | P/% | 0 | 0 | 0 | 0 | 0 | 0 | 4 | 9 | 14 |
| 0.9~1 | S/km² | 42.1 | 72.2 | 20.4 | 42.1 | 72.2 | 20.4 | 42.1 | 72.2 | 20.4 |
| | P/% | 4 | 8 | 2 | 4 | 8 | 2 | 4 | 8 | 2 |

表6.14 三种暴雨强度下，不同时期汇水区径流系数的土地面积矩阵（AMCⅢ）

| 径流系数 | 指标 | 24h暴雨频率90% | | | 24h暴雨频率50% | | | 24h暴雨频率10% | | |
|---|---|---|---|---|---|---|---|---|---|---|
| | | 1988年 | 2001年 | 2014年 | 1988年 | 2001年 | 2014年 | 1988年 | 2001年 | 2014年 |
| 0~0.1 | S/km² | 113.9 | 21.6 | 62.9 | 0.8 | 0 | 0 | 0 | 0 | 0 |
| | P/% | 12 | 2 | 7 | 0 | 0 | 0 | 0 | 0 | 0 |
| 0.1~0.2 | S/km² | 0.4 | 0 | 0 | 113.2 | 21.6 | 7 | 0.8 | 0 | 0 |
| | P/% | 0 | 0 | 0 | 12 | 2 | 6 | 0 | 0 | 0 |
| 0.2~0.3 | S/km² | 45.9 | 10.3 | 51.9 | 0 | 0 | 0 | 0 | 0 | 0 |
| | P/% | 5 | 1 | 5 | 0 | 0 | 0 | 0 | 0 | 0 |
| 0.3~0.4 | S/km² | 84.6 | 117.8 | 53.8 | 0.4 | 0 | 0 | 113.2 | 21.6 | 62.9 |
| | P/% | 9 | 12 | 6 | 0 | 0 | 0 | 12 | 2 | 6 |
| 0.4~0.5 | S/km² | 223.2 | 188.4 | 174.3 | 130.1 | 128.1 | 73.9 | 0 | 0 | 0 |
| | P/% | 23 | 19 | 18 | 13 | 13 | 8 | 0 | 0 | 0 |
| 0.5~0.6 | S/km² | 226.4 | 277 | 324.3 | 40.1 | 5.7 | 31.8 | 0.4 | 0 | 0 |
| | P/% | 23 | 29 | 34 | 4 | 1 | 3 | 0 | 0 | 0 |

续表

| 径流系数 | 指标 | 24h 暴雨频率 90% | | | 24h 暴雨频率 50% | | | 24h 暴雨频率 10% | | |
|---|---|---|---|---|---|---|---|---|---|---|
| | | 1988 年 | 2001 年 | 2014 年 | 1988 年 | 2001 年 | 2014 年 | 1988 年 | 2001 年 | 2014 年 |
| 0.6~0.7 | S/km² | 151.3 | 196.7 | 148.7 | 400.7 | 454.5 | 498.6 | 130.1 | 128.1 | 73.9 |
| | P/% | 16 | 20 | 15 | 42 | 47 | 52 | 13 | 13 | 8 |
| 0.7~0.8 | S/km² | 78.5 | 82.3 | 130.1 | 160.4 | 196.3 | 136.3 | 223.6 | 188.4 | 206.1 |
| | P/% | 8 | 9 | 13 | 17 | 20 | 14 | 23 | 20 | 21 |
| 0.8~0.9 | S/km² | 0 | 0 | 0 | 78.5 | 87.9 | 142.5 | 377.6 | 473.7 | 473 |
| | P/% | 0 | 0 | 0 | 8 | 9 | 15 | 39 | 49 | 49 |
| 0.9~1 | S/km² | 42.1 | 72.2 | 20.4 | 42.1 | 72.2 | 20.4 | 120.6 | 154.5 | 150.5 |
| | P/% | 4 | 8 | 2 | 4 | 8 | 2 | 13 | 16 | 16 |

相同 AMC 条件下，90％的降雨频率，1988—2014 年的各级径流系数所占土地面积变化幅度较大，50％的降雨频率的不同时期各级径流系数所占土地面积变化幅度次之，10％的降雨频率的各级径流系数对应土地面积变化幅度最小。土地利用所引起的暴雨径流量的变化随着暴雨强度的增强而呈减少的趋势。这主要是因为：降雨初期首先要满足下渗和其他损失，而土壤的饱和率和其他损失一般为衡定值，当土壤吸纳雨水已达上限时，势必将产生地表径流。土地类型的产流能力有高有低，对于高频率的小降雨，土地利用类型对于径流的影响更大。对于低频率、高强度的降雨，土地下渗或其他损失在降雨整个过程中占的比例减小，土地的径流系数向高值区发展。因此，降雨强度越大，土地利用类型和结构的变化之于暴雨径流量的影响越小。

相同降雨频率下，比较三种前期土壤湿润程度对应 1988—2014 年的各级径流系数所占土地面积总的变化幅度的大小变化。相同降雨条件，土壤湿润程度为 AMC<sub>I</sub> 时，1988—2014 年的各级径流系数所占土地面积的变化幅度最大；土壤湿润程度为 AMC<sub>Ⅱ</sub> 时，不同时期各级径流系数所占面积的变化幅度次之；土壤湿润程度为 AMC<sub>Ⅲ</sub> 时，不同时期各级径流系数所占土地面积变化幅度最小。换言之，降雨前期土壤由干（AMC）向湿（AMC<sub>Ⅲ</sub>）转变过程中，土地利用对暴雨径流造成的影响越来越弱。针对单一汇水区，前期土壤湿润程度决定土壤的下渗量，直接影响地表径流产生过程。当前期土壤湿润程度为湿润时，土壤含水量区域饱和，难以再吸纳降雨，产流能力的差异被削弱，也即弱化了不同土地利用类型造成的产流能力差异。

相同土壤湿润程度，随降雨频率的变化，1988 年各级径流系数所占土地面积的变化幅度最大，2001 年次之，2014 年最小。例如，AMC<sub>I</sub> 条件下，1988 年的径流系数 0.2~0.3 的土地面积比例在降雨频率为 90％、50％、10％条件下分别为 8％、17％、33％；2001 年的土地面积比例为 9％、20％、20％；2014 年的土地面积比例 15％、14％、21％。也即在三种 AMC 条件下，随设计暴雨量的改变，不同时期的径流系数对应土地面积的变化幅度表现为 1988 年＞2001 年＞2014 年。相同降雨频率下，随前期土壤湿润程度的变化，1988 年的各级径流系数所占土地面积的变化幅度最大，2001 年次之，2014 年最小。也即在三种设计暴雨条件下，随 AMC 条件的改变，不同时期的径流系数对应土地面积的变化幅度为 1988 年＞2001 年＞2014 年。总之，1988—2014 年，随着城市化进程的推进，土地类型逐渐均一化，土地的产流能力日趋相近，土地利用方式对于降雨径流的影响逐渐减小。

# 6.4 小　　结

本章利用郑州市土地利用分布的栅格数据和土壤类型分布的栅格数据，构建了 1988 年、2001 年和 2014 年的郑州市 SCS 水文模型。通过对郑州市不同时期产流效应的空间格局分析，发现建设用地和水体的产流能力最高。高产流区集中布局在荥阳市北部邙山一带，且逐步向东发展至郑州市中心，并分散布局在郑州南部的县级市中心区附近。随着城市化进程的推进，高产流区的土地结构有单一化发展趋势，建设用地逐渐成为高产流区的主要土地类型。植物覆盖率高且地势起伏较大的林地和草地的产流能力较低。低产流区主要分布在中牟县南部大片区域和巩义市东南部高山区。

在此基础上，对位于郑州市主城区的一个汇水区进行了暴雨径流过程模拟，重点分析了下垫面因素、降雨强度、降雨前期土壤湿润程度对降雨径流过程的影响。模拟结果显示：第一，降雨强度越大，前期土壤越湿润，不同时期的土地利用变化对暴雨径流量的影响越小，也即弱化了不同土地利用类型产流能力的差异；第二，同一时期，随着降雨前期土壤湿润度由干到湿的变化，土地利用类型及土壤等下垫面条件各不相同的各点产流能力趋于均一化；第三，相同土壤湿润条件下，随着人类活动的加剧，土地利用变化使地表径流量趋于增大。城市化发展所带来的土地利用方式的改变弱化了降雨强度和前期土壤湿润程度对降雨-径流关系的影响作用。

**第7章**

# 基于内涝灾害防控的雨洪安全格局构建

　　城市的每一处土地都有自身的水文特征，都具有不同的雨洪调蓄、涵养水源等功能。雨洪安全格局是水安全格局的重要组成部分，关注的是洪涝灾害问题，强调用综合的、整体的、多目标解决方案解决城市的水安全问题。应充分研究郑州市的水文特征，将土地自身的水文特征信息作为城市土地利用调控的依据之一，从区域规划的角度引导土地利用向良性方向发展，以实现景观格局的最优化配置。

　　由于城市的水文过程在城市土地空间分布的非均衡性，所以一定存在极易遭受洪涝灾害的潜在位置和区域。而判别城市内涝灾害的关键性区域、位置和空间是构建郑州市雨洪安全格局的核心，也是本章的重点研究内容。根据景观安全格局理论，确定雨洪安全格局的步骤如下：首先，确定城市水文过程的雨洪廊道；其次，判别可能发生内涝灾害的区域和位置；最后，将雨洪廊道和淹没区斑块叠加，形成雨洪安全格局评价图。需要借助的基础资料有研究区的DEM 数字高程图、水文数据、SCS 水文模型等；需要借助的技术手段为地理信息系统的相关分析模块。

## 7.1　雨洪安全格局构成要素

　　雨洪安全格局的主要构成要素有两部分：雨洪生态廊道和雨洪淹没区。雨洪生态廊道即河网，具有调洪蓄洪功能，是雨洪水径流的途径。雨洪淹没区即不同降雨强度下划分的不同危险等级的雨洪淹没斑块。判别潜在地表径流廊道和雨洪淹没斑块的分布与位置，是构建郑州市雨洪安全格局的基础，也是城市未来水系规划和土地利用格局优化的依据。

### 7.1.1　雨洪生态廊道

#### 7.1.1.1　现状水系

　　郑州市域的河流分别属于黄河流域和淮河流域，全市大约 3/4 的面积隶属于淮河流域。市内的贾鲁河、金水河、索须河、熊儿河、七里河、颍河、双洎

77

河等都是淮河的支流，新郑市和新密市全境，以及市区、登封市、荥阳市和中牟县的大部分区域都是淮河流域的范围。全市约 1/4 的面积属于黄河流域，黄河从巩义市曹柏坡村进入郑州市，流经巩义市、荥阳市、郑州市区和中牟县，最后向东流入开封市境内。黄河在郑州市的长度为 160km。郑州市境内的伊洛河、汜水河、枯河等都是黄河的支流。郑州市全境共有 124 条河流，流域面积大于 100km² 的河流共有 29 条，其中 23 条属于淮河流域，6 条属于黄河流域[172-173]，详见表 7.1[174]。城市的自然河湖水系、水库、坑塘、低洼地等湿地系统都在调洪蓄洪方面发挥了重要作用。

表 7.1　　　　　　　　　　　　郑州市主要河流水文要素

| 河名 | 郑州境内河长/km | 所属流域 | 流域面积/km² | 郑州境内主要支流 |
|---|---|---|---|---|
| 黄河 | 160 | 黄河流域 | 2012 | 汜水河、枯河 |
| 伊洛河 | 33 | | 803 | 干沟河、坞罗河、后寺河、东泗河、西泗河等 |
| 汜水河 | 39 | | 373 | |
| 枯河 | 41 | | 248 | |
| 贾鲁河 | 105 | 淮河流域 | 1077 | 索须河、魏河、金水河、熊儿河、七里河、潮河、丈八沟、小清河、东风渠等 |
| 索须河 | 104 | | 558 | |
| 双洎河 | 87 | | 1988 | 溱河、洧水、泽河、红河、寺沟河等 |
| 颍河 | 57 | | 1038 | 后河、顾家河、石淙河、少阳河、王堂河、白坪河、五渡河、马峪河等 |

### 7.1.1.2　河网——潜在地表径流

地表径流的流经地段是强降雨条件下易引发城市雨洪灾害的危险地段。人类活动如过度开发、不当建设、破坏自然水系结构的水道开凿等，都在一定程度上改变了自然径流。通过水文模拟，可以得到比现状水系更符合自然地理环境的潜在地表径流。

ArcGIS 的水文分析模块是建立在 DEM 数据之上的，用于研究流域水文特征和模拟雨水地表径流等地表水变化、运动等现象的过程[175]。因此，以 DEM 数据为基础，依托地理信息系统的水文分析功能和地图代数模块可以模拟得到雨水地表径流，与现状水系相比，更符合自然地理环境，结果客观，获取过程方便快捷。

原始 DEM 数据表面可能存在凹陷区，使用原始数字高程数据可能造成计算水流方向时出现错误，因此首先应对原始数字高程数据进行洼地分析，生成的无洼地 DEM 数据是进行流向计算和汇流累计量计算的基础。汇流累计量指的是在水流方向上，每个栅格流经的水量。当汇流累计量达到一定值时，地表径流就会产生，雨水地表径流构成的网络就是通常说的河网。研究区潜在的雨水地表径流也即河网分布。

### 7.1.2　雨洪淹没区

不同学科背景的学者从不同研究角度出发，判别雨洪淹没区的范围。现有的方法包括以下几种：水文水动力学方法、仿真系统模拟方法、基于历史灾情数据分析法、基于洪涝灾害机制的系统分析方法和遥感、GIS 空间分析法[176]。水文水动力学模型和仿真系统模拟方法均不适用于大尺度空间的雨洪管理分析，适用于小尺度场地，比如调蓄区、水库、河堤口等。水文水动力学模型和仿真系统模拟方法对调蓄场地的风险性分析需要详细的场地资料，包括地貌地质、河道纵横断面数据、工程设施数据等[177-178]。基于历史灾情数据的分析方法是利用以往发生洪涝灾害的历史数据进行的区域雨洪安全评价，这种方法的优点是计算简单，缺点是利用以往的统计指标得出的分析结果可靠性差，用于后续的指导性不强[179]。基于洪涝灾害形成机制的系统分析方法是综合分析致灾因子、孕灾环境、承灾体、抗灾能力的分析方法，此方法并不考虑城市下垫面变化产生的产流差异，而仅把气候、地形等因子作为模型分析的基础数据[57,180]，形成的结论主要是区域遭受雨洪灾害的经济损失的多少，或是区域经济社会发展能力的分析。由于该方法忽视了景观格局对水文过程的影响，并未从洪涝灾害发生的根源分析入手，所以做出的区域洪涝风险区划难以落地，对于区域减灾防灾方面的指导意义不大。如果用洪涝灾害形成机制的系统分析方法衡量我国的大都市，如北京、上海、南京等，得出的结论往往表明城市具有很强的防灾抗灾能力，而事实上并非如此。近年来，使用遥感数据，借助 GIS 的空间分析工具提取区域的易涝区范围的方法得到广泛应用，这种方法综合考虑区域的气候因子、社会经济水平、下垫面产流能力等，利用地理信息系统的空间分析模块能够更客观、方便地揭示洪涝风险的空间分布特征[181-182]。

雨洪淹没区分析是判别城市在一定的降雨频率下出现内涝的区域范围。在城市乃至区域的大尺度下，以无洼地 DEM 数据作为淹没区分析的基础数据，相比应用测绘部门的高程数据进行雨洪淹没区的划分更省时省力。郑州市的雨洪淹没风险范围划分为 2 年一遇淹没范围、10 年一遇淹没范围。

#### 7.1.2.1　不同重现期面雨量

应用皮尔逊Ⅲ概率分布函数已测算郑州市时间步长为 1h、6h、24h，降雨频率为 99%、90%、50%、10%、5%、2%、1% 的设计降雨量。降雨频率越低，也即降雨发生的概率越低，设计降雨量越大；相反，降雨频率越高，降雨量越小。

频率高的降雨，由于降雨量小，一般不会造成城市内涝。暴雨或特大暴雨的降雨频率低，一旦发生则受淹的土地面积较大，以此为依据调整土地利用格局的代价太大。另外，郑州市的降雨量年内分配极不均匀，夏季 6—9 月的降雨量占全年降雨量的 60% 以上。郑州市易在夏季汛期发生内涝，汛期的降雨具有历时短、雨量大的特点。郑州市既往的雨洪灾害资料显示，降雨重现期为 10 年的降雨时有发生，对城市交通的危害较大，而重现期为 2 年的降雨在雨季经常发生。综合考虑，选择研究区降雨时长为 1h、重现期为 2 年、10 年的降雨量作为计算淹没区范围的输入值（表 7.2）。

表 7.2　　　　　　　　　　郑州市不同重现期 1h 降雨量

| 重现期/年 | 2 | 10 |
|---|---|---|
| 面雨量/mm | 39.3 | 75.9 |

#### 7.1.2.2　汇水区暴雨径流量

汇水区也称集水盆地，指地表径流汇聚到一共同的出水口的过程中所流经的地表区域，它是一个封闭的区域。根据已构建的 SCS 水文模型可计算特定降雨量条件下，研究区各用地斑块的地表径流量。用 SCS 模型计算每个汇水分区在降雨时间步长为 1h，重现取为 2 年、10 年条件下的径流总量，也即每个集水盆地内需要滞蓄的地表径流量。

#### 7.1.2.3　淹没范围提取

利用无洼地 DEM 数据和不同重现期面雨量数据，借助 ArcGIS 的水文分析工具，采用无源淹没法提取特定设计暴雨量的淹没区范围。无源淹没法是基于以下假设进行的，假设不考虑城市工程性排水措施对防洪排涝的影响，每个汇水区的雨水无法外排，必须滞留在本汇水区内。根据这一假设，各汇水区在设计暴雨量下产生的地表径流的总体积与该区的雨洪淹没范围内的总水量体积相等。

汇水区是研究雨水径流量的基本单元。在 GIS 技术下对无洼地 DEM 进行水文分析提取，得到郑州市潜在径流的汇水分区，共 139 块。利用 SCS 水文模型计算每个汇水分区在不同重现期降雨量下的产流体积 $V$，则该汇水区的淹没区水量体积也等于 $V$。具体操作流程为：首先将无洼地 DEM 数据以各汇水区边界裁剪，得到各汇水区的无洼地 DEM；然后导入汇水区的无洼地 DEM，利用 GIS 的 3D 表面体积公式，反复输入垂直高度 $H$，直至计算的淹没体积正好等于产流体积 $V$；最后在汇水区 DEM 数据中提取最低点到 $H$ 值的区域范围，将所有汇水区的淹没范围合并得到不同降雨重现期下的雨洪淹没区。

## 7.2　雨洪格局要素的安全性分析

疏通雨洪生态廊道，保证雨洪径流途径的通畅，再综合雨洪淹没区和雨洪廊道汇集点的分析，判别雨洪调蓄的关键区域位置。

## 7.2.1　雨洪廊道的安全性分析

根据郑州市潜在径流分布图，利用 GIS 的领域分析功能对径流网络进行缓冲分析。结合郑州市现状，参考河道保护管理条例确定研究区的潜在径流缓冲区范围为 0～250m 和 250～500m。对两个缓冲区图层镶嵌并重新分类，得到郑州市河流水系安全评价图。距离潜在径流越远，洪涝风险越低，也即雨洪安全性越高。0～250m 的径流缓冲带的雨洪危险性高，250～500m 的径流缓冲带的雨洪危险性次之。分析表明，金水区和中牟县的潜在径流网较为密集，安全性较低，较易发生城市内涝，需要重点关注。

在径流的交汇点或分支点上，雨洪过程表现为合聚或分流，是控制水流和水质的关键部位[156]，因而这些点是控制雨洪的战略点。可以通过控制这些雨洪战略点来有效控制汇入和分支的水流。根据雨洪战略点的位置和等级不同，采取不同的雨洪管理措施，形成多层次的径流控制体系[183]。

## 7.2.2　淹没斑块的安全性分析

提取的淹没斑块的分布及范围作为城市雨洪格局的构成要素之一，是指导未来土地利用开发内容、强度、布局的主要因素。为分析郑州市易淹没斑块的分布位置，将郑州市特定暴雨重现期的淹没范围与郑州市行政区划图进行叠加，得到郑州市暴雨淹没斑块安全性分析结果。需要强调的是，淹没范围并非发生同频率降雨后一定受淹的范围，而是不考虑洪水外排情况下的可能受淹范围。雨洪灾害的风险是个相对概念，确定的雨洪淹没斑块是相同重现期降雨的洪涝可能发生区。中原区的北部、金水区中部、惠济区的大部分以及中牟县的东部有发生内涝的风险。10 年一遇降雨的淹没区范围在 2 年一遇降雨的淹没区范围基础上扩大，扩大的走势基本符合潜在径流的走向。从整体来看，淹没区范围大多集中在中牟县和老城区。

雨洪淹没风险范围主要受城市地理地貌的影响。郑州市的地势总体上呈现西高东低的态势，由西部的中山、低山、丘陵过渡到东部的平原。位于郑州最东部的中牟县土地岗、洼相间，地形复杂，地貌多变。中牟县的基本地势是西高东低，南北高，中间低的槽状地带。郑州老城区的地形起伏度不大，潜在径流和径流交汇点密集分布。郑州市暴雨淹没斑块分布图是将各汇水区的淹没斑块合并在一起得到的，而每个汇水区的淹没斑块是在该汇水区内单独计算提取的，若汇水区的地形起伏较大，则该汇水区要滞蓄的地表径流总量必然会滞留在地势低洼区；相反，如果汇水区的地形起伏度小，则该汇水区要滞留存蓄的洪水范围将会增大。这也就解释了雨洪淹没斑块积聚在中牟县的地势低洼地和老城区的大面积区域的原因。城市规划和建设要重点关注这些降雨易淹没斑块。

# 7.3 构建雨洪安全格局

## 7.3.1 叠加分析

识别"源地-廊道"是生态安全格局构建的基本模式之一[184]。借助 GIS 将不同暴雨重现期下的淹没斑块分布图和雨洪廊道分布图进行叠加、重分类,建立由战略点、廊道和斑块组成的雨洪生态安全格局网络。水系廊道和淹没区是构成雨洪安全格局的两个要素,两者之间相互独立。对于单一水文过程来说,生态安全格局叠加采用等权叠加法,也即两要素叠加运算时的权重相等。以数字越大,风险性最高为原则,对水系廊道缓冲区和淹没区进行赋值,具体如下:0~250m 的水系廊道缓冲区的雨洪危险性高,赋值 2;250~500m 的水系廊道缓冲区的雨洪危险性次之,赋值 1;2 年一遇暴雨的淹没斑块危险性高,赋值 2;10 年一遇暴雨的淹没斑块危险性低,赋值 1。对各图层进行栅格统计,每个栅格单元的赋值直接相加运算,最终运算结果代表风险等级,其含义见表 7.3。从表中可以看出,加权结果的值最高,风险等级越高。既是 2 年一遇暴雨的淹没区又是 0~250m 的水系廊道缓冲区的区域加权结果最高,表明该区域抵御不了发生频次较高的 2 年一遇的降雨,又同时是研究区潜在地表径流的廊道,说明此区域的风险性极高。赋值加权结果为 1 的区域,要么是 10 年一遇暴雨的淹没区,要么是研究区潜在径流廊道的远缓冲带,风险性低。未赋值的区域加权结果为 0,表明该区域既非模拟暴雨径流的淹没区又非水系廊道的缓冲带,相对安全。

表 7.3 叠加分析的指标及含义

| 风险等级 | 赋值加权结果 | 含　　义 |
| --- | --- | --- |
| 极高 | 4 | 0~250m 的水系廊道缓冲区＋2 年一遇暴雨的淹没区 |
| 高 | 3 | 250~500m 的水系廊道缓冲区＋2 年一遇暴雨的淹没区 |
| | | 0~250m 的水系廊道缓冲区＋10 年一遇暴雨的淹没区 |
| 中 | 2 | 250~500m 的水系廊道缓冲区＋10 年一遇暴雨的淹没区 |
| 低 | 1 | 250~500m 的水系廊道缓冲区 |
| | | 10 年一遇暴雨的淹没区 |
| 安全区 | 0 | 非暴雨淹没区、非水系廊道缓冲区 |

## 7.3.2 雨洪风险等级评价

模拟暴雨淹没区是雨洪水汇集的源区,2 年一遇暴雨和 10 年一遇暴雨的淹没区主要集中分布在东北部平原或地势低洼地,其余淹没斑块呈分散分布。结合郑州市潜在径流的分析,识别出在城市尺度下维系暴雨水文过程和地表径流关系的关键位置和廊道。通过对雨洪水汇集的源区和地表径流廊道的叠加分析，将郑州市洪涝灾害的风险等级定义为极高风险区、高风险区、中风险区、低风险区和安全区五类，获得研究区不同安全水平的"斑块－廊道－基质"构成的雨洪安全格局。

从郑州市雨洪安全格局来看，整体上，郑州市区部分，包括二七区、中原区、惠济区、金水区、管城区，以及中牟县的风险等级显著高于其他地块。市区建设用地密集，下垫面透水性差，产流高，同时地势又平坦，水系网络交织，众多要素的综合作用下，其具有洪涝高风险性。郑州市西部的巩义市、登封市由于山地多，地势较高，下垫面渗透性较好等，导致内涝风险整体偏低，大片区域是相对安全区。除郑州市东北部集中分布的城市洪涝风险区之外，其余各地的风险区多沿着城市水系廊道分布。为降低城市雨洪灾害的威胁，需要格外关注潜在地表径流的通道，保证水系的畅通，恢复调蓄功能。城市中大部分的安全区并非内涝灾害不发生，由于分析的淹没斑块所选取的模拟设计暴雨量为2年一遇和10年一遇暴雨，所以当降雨量不大于10年一遇降雨量时，该区域相对安全，而一旦出现特大暴雨，淹没斑块的范围将会在现有基础上，沿地势低洼地和潜在径流方向全面扩大。

## 7.4 小　　结

总结基于内涝灾害防控的"淹没源区＋径流廊道"雨洪安全格局的构建过程，本章先确定景观格局影响水文过程的重要因素：地表潜在径流通道和易淹没区范围。然后利用ArcGIS的水文分析、3D表面分析、重叠分析等工具，基于郑州市无洼地DEM数据提取潜在径流途径和汇流分流战略点，获取郑州市不同频率暴雨的雨洪淹没区范围，判别雨洪安全格局的关键位置点和空间区域。最后，等权叠加郑州市不同降雨频率暴雨淹没区范围和不同安全级别径流缓冲带，得到研究区的雨洪安全格局模型。雨洪安全格局模型根据内涝风险的高低，将郑州市所有空间区域划分为安全区、低风险区、中风险区、高风险区和极高风险区。

第一，极高风险区不能抵御降雨时间步长为1h的2年一遇的暴雨，同时又是地表径流的通道。从郑州市雨洪安全格局图上可以看到，极高风险区集中在郑州市主城区以及中牟县的不连续的径流廊道上，但在新郑市、新密市、登封市、荥阳市的径流廊道上也有少量分布。2年一遇的暴雨发生概率为50%，如此高频率发生的暴雨在夏季汛期连续维持1h的情况非常常见，如果不能抵御此情况，说明该区域对抗城市内涝的能力极低。

第二，高风险区相对极高风险区来说，风险等级降低一级，代表该区虽然不能抵御 2 年一遇的暴雨，但并不处于地表径流通道上，或者虽然处于地表径流通道上，却并非 2 年一遇的暴雨淹没区。从郑州市雨洪安全格局图上看到，高风险区面积占比不大，往往是沿着极高风险区所在的径流廊道走向进一步延伸和扩大，表现为不连续的带状空间。

第三，中风险区是存在一定风险的雨洪灾害发生地，可以抵御 2 年一遇的暴雨，但不能抵御 10 年一遇的暴雨。从郑州市雨洪安全格局图上看到，中风险区基本与城市的连续径流廊道吻合，呈线性布局。但在主城区和中牟县东南部区域，中风险区已延伸到了径流廊道空间之外的大面积区域。主城区的建设用地密集，下垫面透水性差，产流高，同时又地势平坦，地形起伏度小，所以在主城区部分的中风险区延伸到了径流廊道之外的片状区域。中牟县地形起伏较大，则该区要滞蓄的地表径流总量必将滞留在地势低洼区。

第四，低风险区能对抗 2 年一遇暴雨，但是当暴雨升级为 10 年一遇的大暴雨时，该区域将可能受淹。从郑州市雨洪安全格局图上可以看到，低风险区集中在中牟县的西部地区。

第五，安全区能抵御 10 年一遇的大暴雨，但并不表示不会有内涝灾害的发生。当暴雨强度低于 1h 的 10 年一遇暴雨时，该区域相对安全，而一旦出现特大暴雨，淹没斑块的范围将会在现有基础上，沿地势低洼地和潜在径流方向全面扩大。郑州市西部的巩义市、登封市由于山地多，地势较高，下垫面渗透性较好等，导致内涝风险整体偏低，大片区域相对安全。

为保障和维护城市雨洪安全，需针对不同风险等级的区域，在尊重土地水文属性的前提下，完善城市雨洪调蓄系统，落实基于雨洪安全格局的最佳土地利用策略。除郑州市东北部集中分布的城市洪涝风险区之外，其余各地的风险区多沿着城市水系廊道分布。为降低城市雨洪灾害的威胁，需要格外关注潜在地表径流的通道，保证水系的畅通，恢复调蓄功能。必须重点关注内涝高风险区，并对城市建设与发展提出具体要求和控制范围。内涝中风险和低风险区可作为城市雨洪灾害的缓冲区，为预防城市内涝、缓解城市水危机提供弹性空间。河网分布密集、下垫面渗透性差、地势平坦或低洼等都可能是导致城市内涝的因素，因此，处于同样风险等级的区域，也要就不同的场地条件具体分析。分析易涝地的原因，采取最适宜的土地利用策略，最大限度地维持城市雨洪安全。

# 第 8 章

# 郑州市基于雨洪安全的景观格局
# 优化策略研究

城市建设破坏了河流水网的自然结构，改变了下垫面的性质、组成、布局，极大干扰了自然水文过程。城市内涝灾害的预防与管控应更新观念，减少对工程性措施的依赖，调整土地利用开发布局和方式，树立"人与自然和谐共生"的生态价值观[4]。本章首先从区域土地利用的空间管控视角，根据城市雨洪安全格局模型，恢复和保护河流廊道和滞洪湿地，确定不同雨洪危险等级的土地空间相对应的开发强度和防控措施，建立宏观尺度下的雨洪调蓄系统。其次，基于水系生态修复，构建复合型生态廊道网络。最后，通过合理规划设计"低影响开发技术"等非工程性设施，增强城市不同场地的承洪韧性，构建中微观尺度下的场地调蓄系统。

## 8.1　基于宏观视角的雨洪安全格局的空间管控

以郑州市数字高程数据和气象数据为基础，利用 SCS 水文模型联合地理信息技术，构建的雨洪安全格局定量预估了城市应对不同暴雨重现期的淹没区范围。雨洪安全格局可以作为限制城市扩张的刚性边界，防止城市无序建设，同时可以从空间利用的角度，实现城市土地利用良性发展和减灾的双重目标[185]。潜在径流通道和淹没斑块是雨洪安全格局的关键廊道和空间区域。根据郑州市雨洪安全格局模型，将城市内涝风险等级区与相应的空间管制区相对应，使雨洪安全格局落实在城市土地利用总体规划中。根据地域空间的内涝危险级别，将空间管控的强度等级分为四级：禁止建设、防止建设、限制建设、适当建设（表 8.1）。对雨洪格局的极高风险区进行生态严控，高风险区进行生态保护，中风险区进行生态限制，低风险区进行适度建设。

### 8.1.1　雨洪格局极高风险区生态严控

为维持水生态过程的完整性，水系统中至关重要的空间位置应划定为禁止

表 8.1                          景观安全格局的空间管控

| 风险等级 | 含　义 | 空间管控 |
|---|---|---|
| 极高 | 0～250m 的水系廊道缓冲区＋2 年一遇暴雨的淹没区 | 禁止建设 |
| 高 | 250～500m 的水系廊道缓冲区＋2 年一遇暴雨的淹没区 | 防止建设 |
| | 0～250m 的水系廊道缓冲区＋10 年一遇暴雨的淹没区 | |
| 中 | 250～500m 的水系廊道缓冲区＋10 年一遇暴雨的淹没区 | 限制建设 |
| 低 | 250～500m 的水系廊道缓冲区 | 适当建设 |
| | 10 年一遇暴雨的淹没区 | |

建设区，不惜代价地保护水系统的关键空间格局。郑州市潜在地表径流的 0～250m 缓冲带和 2 年一遇暴雨的易淹没区的叠加，构成了城市雨洪安全格局的极高风险区。城市潜在径流通道是不受人为干扰状态下的河流水系。完整的河流水系廊道网络具有的自然调蓄功能，是区域洪水安全的根基。极高风险区既位于河流水系廊道上，又位于 2 年一遇的易淹没区上，代表该区域既是地表径流的流经之地又是极易受淹的区域。

因此，对雨洪安全格局的极高风险区的生态严控应遵循以下原则：第一，必须严格禁止各种开发类的土地建设，将土地归还于水生态系统，保证该区域土地为非建设用地；第二，对于河流两岸未被人工化的区域，无条件维持其现状；第三，对于已经堵塞的河道，应立即停止一切与水生态治理无关的城市建设活动，清理淤积，疏通水系，保护和恢复河流自然生态环境；第四，沿着潜在径流的流向，重新搭建良好的水系结构，逐步恢复河流水系发挥自然调蓄能力。

## 8.1.2　雨洪格局高风险区生态保护

郑州市潜在地表径流廊道的 250～500m 缓冲带与 2 年一遇暴雨淹没区的叠加区域，或是郑州市潜在地表径流廊道的 0～250m 缓冲带与 10 年一遇暴雨淹没区的叠加区域，构成了雨洪安全格局的高风险区。相比雨洪格局的极高风险区，高风险区可抵御的暴雨强度稍强，距离城市潜在地表径流通道稍远。但是，高风险区距离郑州市潜在地表径流的最大距离仅为 500m，且不能抵御比 10 年一遇暴雨更强的暴雨，其抗内涝风险的能力有限，必须加以重视。

因此，对雨洪安全格局的高风险区的生态保护应遵循以下原则：第一，应防止城市开发与建设，保护原有河网体系，恢复河网的水生态效能；第二，对于已被侵占的区域，应不惜代价地恢复河道，还原生态化驳岸，保留防护绿地。

## 8.1.3　雨洪格局中风险区生态限制

郑州市潜在地表径流廊道的 250～500m 缓冲带与 10 年一遇暴雨淹没区的叠加区域，构成了城市雨洪安全格局的中风险区。中风险区是存在一定风险的雨洪灾害发生地，可以抵御 2 年一遇的暴雨，但不能抵御 10 年一遇的暴雨。

　　分析郑州市雨洪安全格局图，雨洪安全格局的中风险区呈片状分布在郑州市区的惠济区、中原区和金水区。位于郑州老城区的潜在地表径流密集交织，10年一遇暴雨的易淹区范围在老城区明显扩大。经过多年的发展，老城区已高度城市化，改变老城区建设用地的性质难度极大。然而，中风险区又是城市存在一定风险的雨洪灾害发生区。

　　因此，对雨洪安全格局的中风险区的生态限制应遵循以下原则：第一，结合土地空间现状，限制土地开发的强度和类型，避免破坏水系统结构和功能的开发建设；第二，中风险区和高风险区的边界地带易发生雨洪灾害，应在交界带做好隔离控制；第三，在中风险区内控制建设用地的无序扩张，实施土地集约化的空间发展模式，将城市内涝灾害的可能性和影响尽可能降到最小。

### 8.1.4　雨洪格局低风险区适度建设

　　郑州市潜在地表径流廊道的250～500m缓冲带或10年一遇的暴雨淹没区，构成了郑州市雨洪安全格局的低风险区。低风险只是相对而言，该区可抵御2年一遇的暴雨，却可能是10年一遇暴雨的易淹区。

　　郑州市雨洪安全格局的低风险区面积较大，集中分布在中牟县境内和市区，并星罗分布于其余各地。除非遭遇大暴雨，该区可能受淹的发生概率较低，一般情况下对城市发展造成的影响有限。

　　因此，对雨洪安全格局的低风险区适度建设应遵循以下原则：第一，实行开发建设的区域必须达到一定的防洪标准；第二，位于人口密集的老城区的低风险区尤其要提高防洪建设标准，预留满足洪水宣泄的可渗透空间，在雨洪安全和城市建设之间找到合理平衡点，做到城市建设开发的同时增强区域的防洪抗灾能力。

## 8.2　基于中观视角的水系生态修复的规划策略

　　城市水生态系统规划往往滞后于城市发展，多层次的复杂城市水网结构被城市建设破坏，裁弯取直、硬化驳岸等导致水系统支离破碎，难以发挥自然生态功能。雨洪安全格局的极高、高、中、低风险区的空间管控，强制性规定了水安全格局中关键位置点和空间的发展强度和内容，但并未将连续的水网系统整合沟通。根据城市与水安全在空间上的耦合关系，对水系形态、结构进行重整，提出城市水网系统的组织策略，构建复合型城市水生态廊道系统。

### 8.2.1　水系结构梳理

　　依据前文提取的郑州市潜在径流分布图，遵循自然水文过程，以最小干扰法则，梳理水系结构，加强水系整体连续性。首先加强对潜在地表径流交汇节点和水库的保护。地表径流的交汇节点是维持系统完整性的关键位置点。因水系、信息及生物流的交汇使其具有高度生态敏感性，容易因过度干扰而引发径流断裂和堵塞。郑州市的 14 座中型水库，如丁店、楚楼、河王、尖岗、常庄等水库，均位于河流交汇处，都是城市重要的水源地。必须对河流水网的交汇点和水库加大保护力度，确保水系的健康稳定。

其次，针对潜在地表径流的主干支流，恢复并优化水系良好的连通性，增强水系的蓄水、泄洪能力。水系连通性的破坏，阻断了河流的物质交替，导致水质恶化、洪灾频发等问题。结合城市水生态规划，严格控制水系关联的土地的开发强度，全面梳理并恢复已断裂的河流，建立水系网络的连通性，加强对水塘和湖泊的连接，构建城市自然水系结构。郑州市中原区、金水区、管城区、二七区、惠济区的中心城区建成区域，由于建设年代较早，在近 20 年的快速城市化进程中原有的城市雨洪安全格局被打破，人口规模、密度与城市配套不匹配。原有河网水系的汇水面积被阻断，例如，熊儿河、金水河、十七里河、十八里河、索须河等城市河道分水面被重构，河道调蓄能力严重降低。以郑州市二七区苗圃生活区为例，该片区始建于 20 世纪 80 年代，是郑州铁路局老的生活小区，人口密度较大，公共活动空间较局促，熊儿河段的环境卫生问题较突出。为了解决河道内的垃圾卫生问题，把区域内的熊儿河段改成了地下暗渠，虽然释放了一部分公共活动空间，化妆式地掩盖了河道卫生问题，但却造成了该区域的内涝问题。

最后，促进河流形态的多样性延展，如树状、羽状、编织状等，营造漫滩湿地等景观，创造多样化的生境条件，提升水系生态效能的同时，改善景观品质。

### 8.2.2 复合型生态廊道网络构建

复合型生态廊道网络包括河流生态廊道、城市绿道和农林生态廊道。建立河道网络系统是在梳理水系结构的基础上，将各级别河道纳入整体，采取相应的水网修复措施，恢复河流生态结构，发挥河流廊道功能。沿城市交通网和道路线构成的绿地廊道被称为城市绿道。加强城市绿道的联系，不仅有益于优化交通、游憩功能，还能增进城市地表径流、地下水在城市空间的连通，一定程度上促进水文过程的正向推演。农林生态廊道是农林用地的连接构成的廊道体系。农林生态廊道打通林地斑块间的联系，促使林地间信息、生物流的交换。河流生态廊道、城市绿道和农林生态廊道的叠加就像城市自然生成的三张网，层层交叠沟通，提升城市水生态安全的同时，实现自然环境的多层级效益。

## 8.3 基于微观视角的城市"海绵体"的场地调蓄

"海绵城市"的理论内涵是综合运用多种非工程性措施，恢复自然生态雨洪调蓄系统，增强城市的承洪韧性。无论是从城市规划视角制定的城市建设发展策略，还是从宏观尺度确立的空间管控标准，暴雨所产生的地表径流最终还是要靠每一处场地、每一寸土地的滞蓄。增强城市的承洪韧性是水生态城市的终极目标，将此目标分解到具体的场地，就是使城市中的各功能区场地在雨水径流过程中能够滞留、收集、利用雨水，不增加地表径流量。在城市的具体建设中，以低影响开发为建设理念，统一技术路线进行目标的分解落实是增强城市抵御雨洪灾害的重要途径。住宅和商业用地、工业用地、交通用地、城市绿地是城市的主要土地类型，各土地类型的水文特征和分布位置不同，采取的场地生态调蓄技术有所差别（表8.2）。总体而言，主城区海绵体建设以解决现状问题为主，新建区海绵体建设以目标导向为主，保证径流系数与开发前基本保持一致，实现海绵城市建设要求，最终达到增强场地调蓄能力的目的。

表 8.2                                     不同场地调蓄技术

| 场地 | 技术措施 | 功能、要点 |
|---|---|---|
| 住宅和商业用地 | 绿色屋顶 | 对雨水具有收纳和净化的作用 |
| | 绿色停车场 | 结合透水铺装、雨水花园、下凹绿地等措施对停车场进行设计和改造 |
| | 绿色街道 | 透水铺装、雨水花园和植草沟等措施 |
| 工业用地 | 截污 | 集中处理污水 |
| | 雨水花园 | 具有收纳、下渗、净化雨水和景观效益等多种功能 |
| | 下凹式绿地 | 主要以蓄水和渗透功能为主 |
| | 绿色广场、停车场 | 组合利用渗透铺装、雨水花园和下凹式绿地等措施对广场和停车场进行设计和改造 |
| 交通用地 | 生物树池 | 用于社区街道和城市公路的设计和改造，可组合利用渗透铺装、雨水花园和植被浅沟等措施 |
| | 下凹式道路绿化带 | 主要以蓄水和渗透功能为主 |
| | 渗透铺装 | 非机动车道采用渗透性铺装 |
| | 植被浅沟 | 兼具径流输送、净化和渗透等功能 |
| 城市绿地 | 湿地花园、雨水花园 | 具有收纳、下渗、净化雨水和景观效益等多种功能 |
| | 雨水塘 | 对较大范围内的雨水径流进行集中调蓄和净化 |

## 8.3.1 住宅和商业用地

住宅和商业用地的使用功能决定这一类型场地的雨水受污染程度较小，技术措施应重点放在如何有效滞蓄、利用雨水资源上。这类场地的低影响开发设计应与建筑、景观空间相结合，充分发挥雨洪调蓄功能的同时提升景观价值。住宅和商业场地的不透水下垫面占比较高，可分为屋顶、道路、停车场等。这类场地的调蓄措施为：首先，建筑屋顶改造成屋顶花园，建筑周边设置雨水桶和高位花坛，以此来滞留存蓄一部分雨水。其次，沿道路设置植草沟，最大限度地滞纳场地内雨水径流。最后，改不透水铺装材料为渗透性或半渗透性铺装，提高道路及停车场的渗透力，并结合下凹绿地、雨水花园等设计提升场地蓄滞、净化功能。居住、商业区无法就地滞留的雨水排入排水管道，或就近引入城市绿地等公共空间。

### 8.3.2 工业用地

工业场地的使用功能决定了这一类型场地的重点问题是雨水污染，应集中处理生产过程中产生的污水。工业用地的下垫面类型一般可分为绿地、路面、屋面等。这类场地的调蓄措施为：首先，对排放的污水进行截污和集中处理。其次，充分利用工业场地中有限的绿地，将其改造成为下凹绿地、雨水花园、生物滞留设施等，以达到削减径流总量的目的。第三，适合做透水铺装的路面、广场、停车场等，可进行透水铺装的处理；不适合做透水铺装的路面，做好汇流终端的雨水收集与排放。

### 8.3.3 交通用地

道路面积在城市中的占比越来越大，道路径流是城市地表径流的主要组成，常常形成严重的地表径流污染。过去道路地表径流直接排入窨井，快速进入城市排水系统中。通过低影响开发雨水处理设施如透水铺装、生物树池、道路植草沟、生物滞留池等，增强道路表面的渗透性，构建交通便捷、生态友好的道路系统。可以采取的措施是，对道路绿地进行优化设计，使其标高低于道路表面，方便承接雨水。根据道路结构采取多样化的雨水处理设施，将分车带绿化改造成生物滞留池，交通岛绿地改造为雨水花园，非机动车道选用透水性铺装，并增设行车道两侧的树池行道树。道路上的降雨先汇入下凹式的道路绿化带、道路植草沟、树池中，经过下渗、蓄滞等生态过程削减径流量和污染物，超出道路绿地最大滞蓄量的道路地表径流排入城市雨水处理管道。

### 8.3.4 城市绿地

在城市各类土地利用类型中，绿地是唯一具有渗透性的土地。城市绿地是维系城市水安全的主要途径，在城市土地规划实践中显得弥足珍贵。城市绿地的规划设计，应充分发挥绿地的生态效益，将绿地的水生态功能置于主导地位。城市绿地海绵体的设置方法常见的有湿地花园、雨水花园、下凹绿地、雨水塘等。改变以往城市绿地仅作为观赏用地的错误观念，利用水体、植被、地形设计具有集雨水收集净化功能、居民游憩功能、环境景观功能于一身的多功能新型绿地。靠近城市河道的绿地应重点发挥净化水质的功能，排水管中的雨水经过自然净化后汇入河流。

# 8.4 小 结

城市雨洪灾害防治是复杂的系统工程，跨流域、城市、场地等尺度，涉及多学科多因素。本章从宏观、中观和微观三个层次研究了郑州市雨洪安全的相关策略。首先，从区域土地利用的宏观空间管控视角，依托郑州市数字高程数据和气象数据，利用SCS水文模型和ArcGIS的空间分析工具，建立了郑州市雨洪安全景观格局优化模型。在此基础上，通过识别雨洪管理的关键点、位置和空间，定量测算了城市应对不同暴雨重现期的淹没区范围和不同安全级别的潜在径流缓冲区范围，确定不同雨洪危险等级的土地空间相对应的开发强度和防控措施，建立宏观尺度下的水生态管控原则，为确定城市建设扩展的刚性边界提供了科学依据。在防止城市无序建设的同时，也从空间利用的角度实现了城市土地利用良性发展和减灾的双重目标。基本结论为：第一，对雨洪安全格局的极高风险区需进行生态严控。严格禁止各种土地开发建设；无条件维持河流两岸未被人工化的区域现状；清理已经堵塞河道，保护和恢复河流自然生态环境；逐步恢复河流水系发挥自然调蓄能力。第二，对雨洪安全格局的高风险区进行生态保护。保护原有河网体系，恢复河网的水生态效能；对于已被侵占的区域，应不惜代价地恢复河道，还原生态化驳岸，保留防护绿地。第三，对雨洪安全格局的中风险区进行生态限制。限制土地开发强度和类型，避免破坏水系结构和功能；做好中风险区和高风险区的交界带隔离控制；控制建设用地的无序扩张，实施土地集约化的空间发展模式，将城市内涝灾害的可能性和影响尽可能降到最小。第四，对雨洪安全格局的低风险区进行适度建设。开发建设的区域必须达到一定的防洪标准；位于人口密集的老城区的低风险区尤其要提高防洪建设标准，预留满足洪水宣泄的可渗透空间。

其次，根据城市与水安全在空间上的耦合关系，对水系形态、结构进行重整，提出基于中观视角的水网系统的组织策略和水系生态修复规划策略，构建复合型城市水生态廊道系统。从水系结构的梳理方面来看，第一，郑州市有14座中型水库，是城市重要的水源地，必须加大保护力度，确保水系统的健康稳定。第二，结合郑州市城市水生态规划，全面梳理并恢复已断裂的河流，构建城市自然水系结构。第三，促进郑州市河流形态的多样性延展，创造多样化的生境条件，提升水系生态效能的同时改善景观品质。从构建复合型生态廊道网络方面来看，主要包括河流生态廊道、城市绿道和农林生态廊道三个方面的建设。第一，建设河流生态廊道主要是采取相应的水网修复措施，恢复河流生态结构，发挥河流廊道功能。第二，建设城市绿道主要是沿城市交通网和道路线建设树林带以构成绿地廊道。第三，建设农林生态廊道主要是打通农林地斑块间的联系，促使农林地间信息、生物流的交换。

最后，增强城市的承洪韧性是水生态城市的终极目标，基于微观视角的城市"海绵体"场地调蓄技术，是实现这一目标的重要途径。针对住宅和商业用地、工业用地、交通用地以及城市绿地等城市主要土地类型，因其具有不同的场地特征，需采取不同的场地调蓄技术措施。

# 第 9 章

# 提升雨洪灾害管理水平的政策建议

## 9.1 郑州市雨洪管理优化建议

城市暴雨内涝应急管理是一个动态的复杂性管理系统，依据城市内涝应急管理的复杂性特点，提升郑州城市内涝应急管理能力，城市韧性是前提，监测预警系统是先导，应急预案管理系统是基础，应急公众系统是后盾，人力资源系统建设是保障，应急系统是支撑，并且这六大子系统之间是双向互动的关系，共同推动郑州城市内涝应急管理水平的提升。

### 9.1.1 增强城市韧性

做好城市防灾减灾规划，提高基础设施抗灾设防标准，强化重大生命线工程安全保障，实现城市防灾减灾能力同经济社会发展相适应。城市韧性的主题是城市，而城市是一个复杂的系统，包含城市的生态系统、紧急系统、社会系统、基础设施系统等若干个子系统。为提升城市抵御风险的能力，应将增强城市韧性纳入城市防灾减灾的规划目标。

暴雨内涝灾害的防治对城市健康发展至关重要，合理的城市防灾减灾措施可为城市的可持续发展提供支持。然而，不断变化的气候条件使突发性强降雨事件的频率、强度发生变化，导致城市暴雨内涝灾害的危险性大大增加，风险等级不断上升。如何高效应对极端降雨事件带来的不利影响，已经成为我国城市防灾减灾及风险管理工作的重点。传统的城市防灾减灾方案往往侧重于解决当前城市面临的内涝风险，难以应对气候变化的不利影响，城市韧性概念的提出不仅为城市适应气候变化的潜在影响提供了新模式，还为现代城市可持续发展指明了新方向。把极端天气应对、自然灾害防治融入城市发展有关重大规划建设中，推进城市海绵城市建设，提升城市基础设施、经济、社会、生态等各方面的韧性，能够从根本上提高城市抵御暴雨灾害的免疫力。

### 9.1.2　构建暴雨内涝监测预警系统

城市暴雨内涝应急监测预警系统建设是应急管理的重要环节和内容，也是高效防御和减轻灾害损失的前提和基础，缺乏对城市暴雨内涝灾害准确的监测预警，在应急的过程中就会显得盲目，会增加内涝灾害影响的不确定性和危险性。由于城市内涝灾害的产生是自然环境要素和社会环境要素相互作用共同耦合的结果，针对郑州暴雨内涝的现实情况，首先，要通过新一代智慧技术增强对内涝灾害的基础研究，进一步提升城市内涝灾害监测预警能力；其次，要研发郑州市内涝积水监测系统，采用水位传感器等物联网技术对路面实行全方位、全天候的动态监测，并向系统及时传输积水数据，合理划分灾害预警级别，并设置简洁易懂的警示标志；最后，要改善预警信息发布手段，根据新时期的通信特点，通过互联网、新闻媒体、电子显示屏、微信、微博、手机短信等多种途径准确、及时地向公众发送动态积水预警信息，并提升信息发布频次，确保预警信息的全覆盖，为公众采取防范措施争取足够时间。另外要制定和完善突发事件信息发布管理办法。明确暴雨内涝预警信息权威发布部门，预警信息发布渠道多而杂，特别是自媒体的出现，甚至有信息真假难辨的情况发生。因此，建立预警信息官方权威发布渠道和发布规范对防灾减灾至关重要。

### 9.1.3　完善城市暴雨防涝应急预案体系

完善的城市防涝应急预案是减轻内涝灾害损失的有效手段，它不仅可以指导各部门快速作出响应和处置，防止内涝灾害的事态升级，还可以给公众提供正确的行动指导，增强其风险防范意识，避免产生混乱而延误抢险救援工作。

首先应着手全面开展郑州城市暴雨内涝应急预案评估修订工作，并且根据城市发展的实际情况，强化预警和响应一体化管理。针对新环境、新问题，及时对已有预案进行补充和完善。应急预案内容要进一步细化处置原则、职能分工、监测预警、内涝分级、指挥调度和应急保障等各方面工作。发布预警信息后依据预案和制度启动响应、落实措施，并及时向指挥部反馈行动进展情况，确保关键时刻发挥最大作用。

同时可进一步推进智能化预案管理技术。预案是应急工作的基础，但是我国众多的应急预案大多数还保持在文本预案阶段，枯燥且不容易理解、操作，在突发事件发生后，很难快速发挥作用。新一代应急预案系统集文本预案、流程预案、三维可视化预案为一体，可自动或半自动地解析预案结构，按要素或章节分解文本预案，通过定义工具将预案任务提炼成流程，最后通过三维可视化制作工具，可在三维地图上直观展示预案执行的过程。通过加工的预案系统具备易理解、易培训、易查找、易汇报的特点。可将此先进技术应用于郑州市暴雨内涝应急预案的完善中。

当前要充分利用好郑州防涝应急指挥平台，加强有针对性的内涝防灾培训演练，尤其要做好跨部门、跨区域的协同演练，使城市内涝应急演练工作常态化。城市内涝应急预案只有通过经常性的应急处理演练，才能切实提高应急预案的科学性、实践性、协同性和有效性，缺乏足够的应急演练，城市内涝一旦发生，处置起来仍难免会手忙脚乱，影响预案应有的战斗力。

### 9.1.4 增强公众风险意识和自救互救能力

社会公众是城市的受灾主体，其应急素质的高低和风险意识的强弱直接影响防涝救灾的效率，因此要在全社会广泛开展防灾减灾救灾宣传教育，并使之成为一种长效的城市管理机制。充分发挥各类媒介的宣传作用，可结合具体案例解读，增强群众防范风险的警觉性，发挥社会公众的学习主动性与适应性，通过有效的学习逐步适应外部环境的变化。在一定程度上增强社会民众的风险意识和自救互救能力。

强化内涝应急公众系统建设，借鉴国外先进经验，把防灾和安全教育从基础教育抓起，将应急管理知识纳入中小学课堂，在国民教育体系中突出相关内容并适时开展应急演练，增强青少年的避险自救意识和能力。推动防灾减灾救灾知识进教材、进校园、进社区、进职业培训。拓展形式丰富的实践演练活动，建设各级防灾减灾救灾教育培训基地、科普体验场馆，激发公众兴趣，增强培训效果。

### 9.1.5 提升应急管理人才的专业性和协作力

应急管理人才队伍是应急管理体系的主体和基本支撑，加强应急管理人才队伍建设是提高应急管理水平的关键环节。由于城市暴雨内涝一般发生比较突然，加之郑州城市人口密集，而且人口流动性强，不仅对出行人员的生命和财产造成威胁，还可能诱发次生灾害，所以应急排涝任务十分艰巨。因此，有必要在配足相应抢险救援装备的基础上，培养、组建各类城市防涝应急专家队伍和专业抢险救援队伍。一支高效的城市内涝应急管理人才队伍应该由不同领域、不同学科背景的复合型应急管理人才和专业型应急管理人才共同构成。各级政府部门必须针对应急管理的特点，开发应急管理人才资源，建立素质优良、结构优化、规模适当、布局合理、专兼并存的应急管理人才队伍，为应急管理工作提供有效的人才保障。

由于城市内涝应急管理工作具有复杂性和专业性的特点，不同人的知识结构和技能水平不同，在应对突发的城市内涝灾害时表现出来的素质和技能水平也不尽相同，当前最应该着手做的便是加强城市内涝灾害应急管理人才的培养，提前做好城市内涝应急和衍生灾害应急各类应急型人才的供求规划，做好充足的人才储备和针对性的开发计划。应急管理本身具有高度的协同性，任何一项应急处置任务都不能单凭个人能力完成。因此，应急管理人才必须具备良好的协调和沟通能力，具有协作精神，能够与其他人共同配合完成应急处置任务。

一是要大力培养各类城市内涝应急行政管理领导人才，提高对内涝灾害的风险识别能力，增强执行力和协作力以适应复杂的管理工作；二是组建城市内涝专家队伍，联合高校和科研院所定期进行会商研判；三是加强排涝救援、机电救援、线路救援、房屋救援、通信救援、车辆救援和医疗救援等专业抢险救援队伍建设，提高防涝抢险的救援能力，保障人民的生命和财产安全。

### 9.1.6　构建协同联动的应急管理体系

城市暴雨内涝应急管理体系是一个由政府、市场和社会组织共同参与的开放性复杂系统，并且是非线性的组合。为了有效应对城市内涝灾害所带来的复杂性危机，必须改变原有的思维模式，摒弃将复杂危机现象简单化处理的倾向，树立复杂问题复杂化治理的理念。

首先是信息数据共享。合理调度资源信息，能够大大加快灾害应急反应速度。信息资源是应急处置的基础，为了资源的快速高效利用，一般都是采用分散资源存储的方式保管应急资源。突发事件发生后，为了进行资源的合理调度，需要有应急资源信息管理平台支持。由于我国的政府机构以职能为基础进行设置，造成大量的公共管理基础数据分散在不同部门手中，组织壁垒使部门间数据共享困难重重。要做好城市内涝应急管理，需要将分散在城乡规划、测绘、建设、城管、交通、电信、水务、气象等众多部门的有关资料汇总起来，通过电子信息化技术、GIS 等实现数据整合，形成城市基础信息电子数据库。建立城市基础信息数据库，以备不时之需。

其次是协同治理。充分利用好郑州市防涝综合指挥平台整合的各种资源，最大限度地发挥各部门之间的联动作用；在统一指挥机构的协调下，各成员单位相互协同、联动，共享信息，共同、有序地应对城市内涝灾害；让公众和社会组织充分融入城市暴雨内涝应急管理过程中来，政府要主动接纳和适应这些不同的参与主体，使其发挥自己应有的作用；建立起以政府为核心，社会共同参与的多元协同共治网络，即协同联动的应急管理体系，逐步实现应急管理的多元化和透明化，以有效应对城市暴雨内涝应急管理的复杂性与急迫性。

### 9.1.7　建设"防灾减灾社区"

郑州市作为河南省省会城市、国家中心城市，具有人口密度大、人员流动性大、建筑密度大、老旧区差异化、居民弱势群体比重高等特征。在全球气候恶化、气象灾害频发的大背景下，大城市的社区成为典型脆弱区域，也应把建立"防灾减灾社区"提上日程[186]。

#### 9.1.7.1　提升社区基础、完善社区防灾减灾能力

提高大都市防灾减灾社区建设水平，首先要完善社区基础设施建设，政府应加大对社区基础设施的资金投入力度，更要加强在消防、卫生、防涝、抗震等多方面的基础性投入。其次，要提高建筑抗灾能力。大都市部分社区历史较

长，社区内建筑物质量良莠不齐，人口成分复杂，一方面存在大量违章建筑或建筑构件，占用防灾空间与疏散通道，增加安全隐患；另一方面建筑物以及市政工程设施等老化现象较普遍，这一现象在老城区更为明显。但是基于大都市社区旧住宅规模大、动迁成本高、社区基础设施缺乏日常维护，并且短时间内无法实施全面更新的情况，现阶段应先对建筑和基础设施局部关键节点增设保护性措施，降低其脆弱性。由于大都市的改造与更新是一个长期的过程，所以社区内的建筑加固除险，应结合城市整体的改造计划进行，重点改造危旧建筑，优先改造市政基础设施。

注重对社区公共空间与公共绿地系统的维护，提升公共空间的质量与识别导向系统，合理规划社区道路与车位布局，提升社区道路通行能力。同时注重防灾减灾设施的建设，如社区绿地、儿童公园、广场等，这些防灾减灾设施平时也是居民日常生活的公共空间，社区可以利用这些场地举办丰富的居民活动，在进行防灾减灾工作的同时促进社区功能服务的完善及居民人际关系网络的建立。

### 9.1.7.2　建立健全社区防灾减灾制度规划

我国近年来逐渐从"抗击灾害"向"灾害管理"、从"灾后反应"向"灾前预防"进行转变，在一次次的应急管理与灾后重建过程中完成传统的防灾减灾理念及行为的"破"与现代防灾减灾理念及行为的"立"，两者重叠在一个发展过程中，我国相关政策制度的发展和完善也势必是一个长期过程。我国应制定与《突发事件应对法》等法律相配套的有关社区防灾减灾法律法规，作为社区防灾减灾规划编制和实施的法律依据，明确社区防灾减灾规划制定中社区的主体地位，为社区进行灾害管理工作提供指导方针。可以借鉴日本等发达国家的先进立法经验，健全我国的防灾减灾立法，明确从中央到地方社区防灾减灾规划体系。

其次，在地方层面社区灾害管理法律法规制定过程中，要结合地方实际情况，在不与上级政府的规划相冲突的前提下，制定符合本地特色的社区防灾减灾规划体系。就大都市而言，由于其人口建筑密集、致灾因子多样、中心城区老龄化、环境衰败等特征，在进行社区防灾减灾规划的过程中要考虑到相关问题，比如强调社区应急避难场所、公共空间的设置，对社区内高楼大厦的应急疏散机制进行严格要求等，制定适应大都市发展现状、可操作性强的社区防灾减灾规划。

### 9.1.7.3　加强社区防灾减灾文化建设

社区防灾减灾文化建设是社区文化建设的一部分，是服务于社区减灾管理模式的构建，优良的社区文化将为社区减灾效果带来巨大的乘数效应。社区防灾减灾文化的培养需要社区对居民进行形式多样、内容丰富的灾害教育培训，充分发挥其在城市减灾系统中的基层网络作用。在大都市社区相关教育培训工作进行过程中，应充分利用大都市经济文化的发展优势，不断丰富教培工作的形式和内容。

在针对普通社区居民的灾害知识宣传教育中，社区应充分挖掘和共享已有的科技、人才资源，依托社区数字化学习平台，通过多媒体技术、交互式软件、虚拟体验等方式提升民众对于灾害管理的感知度，或者加入游戏、竞赛等活动手法，利用游戏元素提升居民的兴趣和参与度。同时，把灾害教育和培训融入居民日常的社交互动中，打造社会化学习网络，促进知识的快速分享，包括对社交媒体、在线社区、微信公众号、云分享等平台的应用。还可以联合红十字会定期组织居民参与灾害救护培训和模拟演练，学习基本医学知识，使居民掌握救治的基本方法和程序。在针对学生的教育中，将防灾救灾知识作为一门独立的课程，并以实践演练作为考核方式，加强学生防灾减灾意识和技能。在对基层管理人员进行培训的过程中，还可以通过交互性游戏教授知识技巧、提供专业训练、进行模拟操作等，使灾害管理者通过虚拟平台练习制订决策、应急管理、沟通交流等技能，提高其灾害应急管理的综合协调能力。同时，还应充分利用城市减灾委员会、气象学会、地质协会等相关部门的工作网络，发挥科普志愿者、社区科普组织等多元参与作用，广泛开展面向基层民众的减灾科普宣传。

# 9.2 河南省雨洪管理普适性建议

可持续的雨洪管理体系是一个复杂的巨系统，受到自然生态社会治理和工程技术等方面的综合影响。为使河南省在防范应对暴雨灾害风险方面走在全国前列，必须改变原有的思维模式，摒弃将复杂危机现象简单化处理的倾向，树立复杂问题复杂化治理的理念，以系统思维统筹兼顾协同联动推进应急管理系统的建设[170]。结合当前突出的现实问题，可以借鉴国外先进的雨洪管理经验和技术手段，重点从以下几个方面入手，因地制宜地建立具有城市特色的雨洪管理体系。

## 9.2.1 转变管理理念，完善政策法规

转变传统管理理念，重塑价值认知体系。价值认知体系决定雨洪管理未来的发展和走向。政府管理部门必须改变原有的经济效益优先的理念，强化生态文明战略意识，认识到雨洪作为一种宝贵的自然资源进行管理和利用的重要性[187]。相关部门和组织应基于更高层次，从水量、水质、生态环境和雨洪资源利用等方面整体考量，通过构建系统的雨洪管理体系以及各类水生态基础设施，实现降雨的就地消纳和利用，提升城市整体的生态系统功能，最大限度地发挥

雨洪资源的生态、经济和社会效益。

修改现行政策法规，加强法治化体系保障。建立完善的雨洪管理法规体系是海绵城市建设的有力保障。首先，在我国目前《环境保护法》《水污染防治法》等法律中明确将雨水定义为面源污染；其次，颁布地方层面的专门针对雨洪管理和海绵城市建设的法规条例，为相关工作提供法律规范和依据；再者，相关法律应就城市开发建设项目，对雨水的继续利用径流排放和污染防治作出强制性规定，新建、改建的项目必须根据实际情况采取雨水管控措施，最大限度减少城市开发建设对雨水径流和水质造成的损害；此外，可借鉴国外的先进经验，基于环境容量制定和分配水污染消减目标，建立具有中国特色的污染总量控制管理技术流程与规范[188]。

### 9.2.2　完善管理机制，推动机构体制改革

合理的机构组织和科学的运行机制，能够有效推动相关决策的制定、落实和实施。第一，加强水利生态环境卫生和建设等主管部门之间的协调衔接，促进跨部门、跨专业的合作交流；第二，理顺行政区域与流域管理组织之间的关系，地方政府管辖范围内的小流域应服从地方法规和管理，对于跨行政边界的大流域，可由流域内有关部门组成流域委员会，制定适合整个流域的规划和条例，再由各地方政府根据流域委员会的建议制定政策具体执行；第三，按照责、权、财统一原则，逐步提高流域管理机构的实权进行垂直规整，并建立有利的追责制度，保障流域机构行使决策监督权，做到定分止争[189]。

构建经济激励机制，促进公众多层次参与。使用者付费模式是未来雨洪管理融资的趋势。在进行雨水管理收费时，政府部门可以根据不同的责任主体和土地权属制定不同的收费模式，并利用折扣、信贷、补贴和税收等经济奖惩机制来推动有关主体采取行动，减少径流和加强雨水利用。在法规层面上，加强政策法规的宣传普及，制订计划，引导公众积极主动参与雨洪管理的全过程。在参与形式上，政府应当及时公开关于雨洪管理及项目的相关信息，将问卷调查、座谈会、听证会等传统形式与微信公众号、微博等网络渠道相结合，了解公众的意见和诉求，并将其纳入决策之中。

### 9.2.3　加强工程建设，优化技术水平

从城市雨洪形成的原因看，除了气候变化、极端降雨增多、下垫面土地利用变化、生态格局变化等因素外，城市工程建设方面，技术标准低、建设衔接弱、重视度不足等问题均是致因之一。各县市应着力增加渗水通道，制定排水标准。为了有效避免基路面在积水情况下受损等现象发生，在雨洪资源利用管理活动开展过程中，需要相应的政府部门加强城市道路规划，通过预留雨水径流孔洞，避免出现雨水封路等现象发生。在路面两侧铺设透水层和蓄水层，有效减缓路面雨水径流流速。在实际工作中，要将水文学和水力学进行有效融

合，选择科学合理的计算方法，全面加强雨洪资源的利用，提升水资源利用率。城市雨污分流，将雨水通过管道集中收集，汇流至污水处理厂处理后，作为绿化用水，城区污水处理完全做到达标排放[190]。

改善渗水设施，加强体系建设。增加增渗设施，使得雨水能够快速向深层下渗，在提高对资源利用率的同时，全面加强路基路面的保护工作，有效避免路基路面长期浸没在水中的现象发生。在雨洪资源利用管理活动开展过程中，要结合城市的规划发展，加强现代化技术的使用，不断完善雨洪资源管理技术支撑体系。在实际工作中，通过对预报技术、模拟技术、耦合技术和管理技术等的综合分析和运用，促使雨洪资源管理工作能够更加科学合理地开展。在提升其整体工作质量的同时，采用更具有针对性的方式，结合雨洪滞水现状，建立新的调度方案，不断完善技术支撑体系。

解决当前城市雨洪难管理、难评估、缺数据、缺依据的困境，应重视跨学科监测平台的构建。城市雨洪管理设施已与城市景观高度融合，如果前期景观设计不考虑监测，后期进行监测评估将限制重重，因此，急需探讨一条水文与景观跨学科搭建监测平台的合作途径。在新时期，传感技术、互联网及数据模拟分析技术已为获取城市水文数据、实现在线监测与评估创造了新条件。以跨学科视角探讨城市雨洪管理设施的监测与智慧景观设计的结合，有利于解决雨洪管理设施建设与监测脱节的问题，保障监测系统的有效性，提高海绵城市决策与管理的科学性[191]。

建立雨水站点的动态采集与监测系统，利用地理信息技术以及遥感技术等获取收集各方位信息，基于物联网大数据建立集成数据库，利用评估预报模型，针对不同情况下的暴雨情况进行分析，为防汛部门展开雨洪管理决策提供支持[192]。

### 9.2.4 完善非工程手段，加强专项规划

制定全省各县市辖区的防灾减灾预案和规划，并在应急预案和现场处置方案中，详细明确重大险情的防护和下游群众安全转移等具体措施。完善洪涝灾害保险制度，依托市场资本，解决政府财政对洪灾的补偿不足的问题。积极开展防灾减灾文化宣传活动，在街道和社区大力弘扬我国传统防灾减灾文化，充分发挥各类公共文化场所、重特大自然灾害遗址和有关纪念的教育、警示作用[193]。

雨洪管理的关键在于对雨洪价值的认识，防洪排涝不是唯一标准，更应增强"雨洪资源观"的认识，才能真正实现对雨洪管理的全面提升。雨洪管理的策略可以通过总则、地区通则、街道通则和地块通则等层面落实在城市设计导则中。总则增加雨洪相关的目标和导控条款，地区通则增加水敏感区保护和规划分区，街区通则增加雨洪管理系统规划和设施布局，地块通则增加对多种类

型用地和建筑的引导。加强雨水收集，做好专项规划。在雨洪资源利用管理活动开展的过程中，首先要加强雨水的收集工作，通过采用现代化的管理方式，有效避免发生洪涝灾害，提升雨水利用率。同时注重对生态环境的保护，为人们提供良好的生存环境。在汛期，采取相应的措施，全面加强雨水的收集工作，采用有针对性的雨水储存和利用方式，缓解城市用水压力。在雨水收集过程中，可通过建筑屋顶、城市广场、城市道路等雨水收集设施，将雨水汇集于池塘、湿地中。为了实现这一目标，可以通过专项规划，将雨水应用到城市继续发展、生态补偿等多个方面[194]。

### 9.2.4.1　目标优化

借鉴国际雨洪管理实践经验，雨洪管理的目标不仅包括雨洪灾害防控，更应体现对城市景观、城市水生态和城市活力等维度的考量，应该把单一的"雨洪威胁论"转为"雨洪资源观"。应融入水循环理念，以年径流量、峰流量、污染物控制为基础，综合考虑雨水和废水的再利用；应融入城市水生态理念，综合考虑城市河湖水系的保护，水环境敏感区域的保护和整治；应融入城市空间综合利用的理念，增强雨洪管理和城市公共空间的互动，在美化城市的同时增加社会交往；应融入社会参与理念，围绕雨洪管理设施展开公共教育和休闲游憩活动。因此，在制定城市设计发展目标时，必须强调雨洪资源的以下三个价值：

（1）生态价值。作为一种自然过程，雨洪是城市水生态系统的组成部分之一，是城市水循环链条的重要一环，应积极利用雨洪资源补给地下水，改善城市微气候，修复城市水生态。

（2）景观价值。通过对地表径流的引导，结合地形植被设计，打造有特色和活力的城市景观。

（3）教育和情感价值。结合室外环境和游憩场所展示雨洪管理设施可以有效推进儿童科普教育，培养市民环境意识并成为市民情感交流的平台，塑造良好的场所感和社会认同。

### 9.2.4.2　程序优化

重视雨洪管理设计程序中的四个环节。首先，前期水文环境分析，如运用低影响开发理论在场地评估分析阶段提出对汇水分区、地下水位、土壤透水性以及场地降水信息的分析；其次，多学科和各利益主体共同协商确定综合的目标体系，如水量控制、水质控制、水供应、功能性、舒适性等多目标管理；再者，在雨洪管理设施布局和工程设计之前应系统性解决区域问题，如基于低影响开发理论的方案设计和最终阶段均应包括场地敏感区范围划定、场地水循环规划，低影响设施布局规划、土壤侵蚀和沉积物控制规划；最后，模拟测试和优化，如在细节设计阶段对设计方案的水利表现进行测试，核实是否满足最初制定的设计标准。

### 9.2.4.3　空间优化

雨洪管理以"源头-路径-尽端"构建雨洪管理控制链,对地表空间有要求,对地下空间的大小、土壤结构等也有要求,以规划视角来看这些要素的类型不同分属不同层级的城市空间,呈现点线面的空间特征。雨洪管理策略最终要落实在城市空间和空间要素之中,在地区街区和场地尺度上建立,"源头-路径-尽端"控制系统在不同层面对建筑交通公共空间等要素进行控制引导。首先,用地布局,需要协调雨洪管理系统、道路网络和公共空间的关系,即结合排水分区和径流路径设计进行道路和用地布局;其次,重要的空间要素需结合雨洪管理的设计策略进行统一的布局设计,如功能组合平面和截面设计等;再者,雨洪设施要综合考虑城市用地的空间特征、规模大小及污染情况等,对雨洪设施与用地的适宜性进行评价和选取[195]。

## 9.3　小　　结

可持续的雨洪管理体系是一个复杂的巨系统,应对暴雨灾害风险必须改变原有的思维模式,以系统思维统筹兼顾协同联动推进应急管理系统的建设。结合当前突出的现实问题,应转变管理理念,修改现行政策法规,建立完善的雨洪管理法规。完善管理机制,加强水利生态环境卫生和建设等主管部门之间的协调衔接,理顺行政区域与流域管理组织之间的关系,有效推动相关决策的制定、落实和实施。加强工程建设,优化技术水平,应着力增加渗水通道,制定排水标准。完善非工程手段,加强专项规划。制定全省各县市辖区的防灾减灾预案和规划,完善洪涝灾害保险制度。

# 第 10 章

# 结 论 与 创 新 点

## 10.1 结 论

（1）采用 3S 技术，通过解译郑州市三个有代表性年份的 TM 遥感影像数据，分析了郑州市 20 多年间的景观格局动态变化特征和梯度变化规律，总结郑州市城市发展的历程和规律。结果显示：首先，郑州市 1988—2014 年的景观格局动态变化特征显著。景观类型分布动态特征主要呈现出从以绿地景观类型分布占优的不均衡分布状态（1988 年）向各种景观类型均匀分布状态（2001 年）演化，然后再向以建设用地景观类型占优的不均衡分布状态（2014 年）演化。建设用地景观类型、绿地景观类型和耕地景观类型都经历了从成片分布到分散布局的演化过程，表明人工干扰强度依次增强。其次，郑州市 1988—2014 年的景观格局梯度变化规律显著。郑州市城市化进程的速率呈现加快趋势，城市外围的斑块受干扰程度逐年增强，城市开发造成的破碎化程度高的地区逐渐向外扩展。相对于 1988—2001 年，2002—2014 年的城市建设中心向外扩展明显，在第 12～17 缓冲带内的景观多样性和蔓延性程度都明显增加。而从建设用地景观水平指数梯度变化来看，城市建设经历了从城市中心向郊区延伸的特征，郊区城市化特征明显。靠近行政中心的城市化梯度带上，斑块密度、蔓延度、景观多样性等指数的变化规律显著，其峰值出现的位置越来越远离行政中心。在远离行政中心的城市化梯度带上，景观指数的变化无规律可言。2014 年的城市远郊区景观格局梯度变化明显相异于 1988 年和 2001 年，表现出城市建设干扰强烈。郑州市在城市化早期阶段，城市地域空间发展的结构是典型的单核心式，呈现"摊大饼"式的环状空间扩张。而在快速城市化发展的中后期，城市空间扩张不再是单核心式，远郊区的城市空间发展出现多个城市副中心，新的城市斑块不断出现，小型斑块合并融合成大型斑块，逐渐取代其他景观类型，最终成为优势景观类型，城市地域空间发展的结构是显著的"卫星城"式，呈现出

"一心多极"的空间扩张特征。

　　研究结果还表明，近城市中心区的土地利用强度已经接近极限，建设用地大量侵占其他土地类型而成为最优势土地类型，导致耕地、林地和草地等景观类型基本消失。远郊区的城市建设发生在城市化中后期，城市外围的斑块受干扰程度日益严重，景观破碎化程度逐渐向外围深化。

　　（2）利用郑州市土地利用分布的栅格数据和土壤类型分布的栅格数据，构建了三个代表性年份的郑州市 SCS 水文模型，并在此基础上，对位于郑州市主城区的一个汇水区进行了暴雨径流过程模拟。结果显示：首先，建设用地和水体的产流能力最高，郑州市的高产流区集中布局在荥阳市北部邙山一带，且逐步向东发展至郑州市中心，同时高产流区还分散布局在郑州南部的县级市中心区附近。植物覆盖率高且地势起伏较大的林地和草地的产流能力较低。低产流区主要分布在中牟县南部大片区域和巩义市东南部高山区。其次，随着城市化进程的推进，高产流区的土地结构有单一化发展趋势，建设用地逐渐成为高产流区的主要土地类型。再者，降雨强度越大，前期土壤越湿润，不同时期的土地利用变化对暴雨径流量的影响越小。同一时期，随着降雨前期土壤湿润度由干到湿的变化，土地利用类型及土壤等下垫面条件各不相同的各点产流能力趋于均一化。相同土壤湿润条件下，随着人类活动的加剧，土地利用变化使地表径流量趋于增大。城市化发展所带来的土地利用方式的改变弱化了降雨强度和前期土壤湿润程度对降雨-径流关系的影响作用。

　　（3）构建基于内涝灾害防控的"淹没源区＋径流廊道"雨洪安全格局模型，根据内涝风险的高低，将郑州市所有空间区域划分为五大分区，即安全区、低风险区、中风险区、高风险区和极高风险区。极高风险区比较集中在郑州市主城区以及中牟县的不连续的径流廊道上，以及少量分布在新郑市、新密市、登封市、荥阳市的径流廊道上，该区域对抗城市内涝的能力极低。高风险区面积占比不大，主要沿着极高风险区所在的径流廊道走向进一步延伸和扩大，表现为不连续的带状空间。中风险区基本与城市的连续径流廊道吻合，呈线性布局。但在主城区和中牟县东南部区域，中风险区已延伸到径流廊道空间之外的大面积区域。低风险区集中在中牟县的西部地区。郑州市西部的巩义市、登封市由于山地多，地势较高，下垫面渗透性较好等，内涝风险整体偏低，大片区域相对安全。该区域相对安全，而一旦出现特大暴雨，淹没斑块的范围将会在现有基础上，沿地势低洼地和潜在径流方向全面扩大。

　　（4）河南省地处地球上典型的孕灾环境地带，气象灾害多发，其中暴雨灾害在众多气象灾害中尤为突出。通过梳理河南省以及郑州市雨洪灾害管理在应急管理措施方面、恢复重建规划方面、落实资金支持和损失补偿机制方面的现状，结合郑州市 7·20 水灾的历史大事件，总结了郑州市雨洪灾害管理的痛点及难点。具体为雨洪灾害管理的应急处置能力较为薄弱；应急响应联动机制不健全，缺乏针对城市暴雨内涝的应急联动平台，不利于形成整体合力；应急管理预案不够完善；公众应急能力和防灾避险意识不足等问题。依据城市内涝应急管理的复杂性特点，提升郑州城市内涝应急管理能力的根本是六大子系统间的双向互动，也即城市韧性是前提，监测预警系统是先导，应急预案管理系统是基础，应急公众系统是后盾，人力资源系统建设是保障，应急系统是支撑。

（5）城市雨洪灾害防治是复杂的系统工程，跨流域、城市、场地等尺度，涉及多学科多因素，首先，从区域土地利用的宏观空间管控视角，通过识别雨洪管理的关键点、位置和空间，定量测算了城市应对不同暴雨重现期的淹没区范围和不同安全级别的潜在径流缓冲区范围，确定不同雨洪危险等级的土地空间相对应的开发强度和防控措施，建立宏观尺度下的雨洪调蓄系统，为确定宏观尺度下的城市建设扩展的刚性边界提供了科学依据。基于宏观视角的雨洪安全格局的空间管控原则为：第一，对雨洪安全格局的极高风险区需进行生态严控。第二，对雨洪安全格局的高风险区进行生态保护。第三，对雨洪安全格局的中风险区进行生态限制。第四，对雨洪安全格局的低风险区进行适度建设。

其次，根据城市与水安全在空间上的耦合关系，提出基于中观视角的水网系统的组织策略和水系生态修复规划策略。具体策略为：第一，必须加大力度保护郑州市的 14 座中型水库，确保水系统的健康稳定。第二，结合郑州市城市水生态规划，全面梳理并恢复已断裂的河流，构建城市自然水系结构。第三，促进郑州市河流形态的多样性延展，创造多样化的生境条件。第四，从河流生态廊道、城市绿道和农林生态廊道三个方面构建复合型生态廊道网络。

最后，基于微观视角的城市"海绵体"场地调蓄技术，针对住宅和商业用地、工业用地、交通用地以及城市绿地等城市主要场地类型，提出不同的生态调蓄技术措施。

## 10.2　创　新　点

（1）方法创新。通过景观格局动态分析、土地利用空间转移矩阵分析、景观格局梯度变化分析、基于 SCS 水文模型的产流效应空间格局分析、暴雨径流模拟方法等传统理论工具，从因素分析、响应机制和决策优化三个方面构建了基于雨洪安全的郑州市景观格局优化模型。提出了基于雨洪灾害风险等级的五大分区，为制定基于雨洪安全的郑州市景观格局优化策略奠定了方法理论基础，丰富了已有的景观安全格局的研究方法体系，具有一定的创新性。

（2）对象创新。根据雨洪安全格局的优化决策模型结果，为保障和维护城市雨洪安全，将郑州市地理空间区域划分为雨洪安全不同风险等级的区域，在尊重土地水文属性的前提下，通过完善城市雨洪调蓄系统，落实基于雨洪安全格局的最佳土地利用策略，进而对城市建设与发展提出具体要求和控制范围。这种基于雨洪灾害风险等级的针对郑州市地理空间分区的提出，为郑州市城市规划与建设提供了指导性意见和方向，具有较高实用价值。

（3）结论创新。定量揭示了郑州市景观格局动态变化和梯度变化特征，总结过去 20 多年以来郑州城市发展的历程和规律，为进一步研究郑州市城市化建设提供了理论支撑，所得到的结论具有较高的创新性。研究表明郑州的城市化建设经历了从城市中心向郊区延伸的特征，郊区城市化特征日渐显著。郑州市在城市化早期阶段，地域空间的发展结构呈"单核心"式的环状空间扩张特征。而在快速城市化发展的中后期，远郊区的城市空间发展出现多个城市副中心，城市地域空间的发展结构呈现出"一心多极"的空间扩张特征。为了解快速城市化过程提供了量化依据。本研究较好阐述了大城市远郊区景观格局的发展过程，为深入探讨快速城市化地区城市发展过程提供实证。

根据雨洪安全格局模型，从宏观、中观和微观三个层次提出了郑州市景观格局优化的基本策略。特别是从区域土地利用的宏观空间管控视角，通过识别雨洪管理的关键点、位置和空间，定量测算了城市应对暴雨重现期的淹没区范围，确定不同雨洪危险等级的土地空间相对应的开发强度和防控措施，建立了宏观尺度下的雨洪调蓄系统。为确定宏观尺度下的城市建设扩张的刚性边界提供了科学依据。在防止城市无序建设的同时，也从空间利用的角度实现了城市土地利用良性发展和减灾的双重目标，具有较高的创新性。

# 参 考 文 献

［1］ 王伟武，汪琴，林晖，等. 中国城市内涝研究综述及展望［J］. 城市问题，2015
（10）：24-28.

［2］ 刘振怀，李猷，彭建. 城市不透水表面的水环境效应研究进展［J］. 地理科学进展，
2011，30（3）：275-281.

［3］ 孔宪贵，程平. 新常态下，城市规划面临的新挑战：海绵城市建设与城市规划的矛盾
［J］. 城市建筑，2016（29）：28.

［4］ 俞孔坚，李迪华，袁弘，等. "海绵城市"理论与实践［J］. 城市规划，2015，
39（6）：26-36.

［5］ 高习伟. 上海市应对气候和土地利用变化的城市雨洪安全策略研究［D］. 上海：华东
师范大学，2016.

［6］ 程江，杨凯，吕永鹏，等. 城市绿地削减降雨地表径流污染效应的试验研究［J］. 环
境科学，2009（11）：323.

［7］ 邬建国. 景观生态学：概念与理论［J］. 生态学杂志，2000，19（1）：42-52.

［8］ 刘洋，蒙吉军，朱利凯. 区域生态安全格局研究进展［J］. 生态学报，2010，30
（24）：6980-6989.

［9］ 宋云，俞孔坚. 构建城市雨洪管理系统的景观规划途径：以威海市为例［J］. 城市问
题，2007，8：64-70.

［10］ 张秋菊，傅伯杰，陈利顶. 关于景观格局演变研究的几个问题［J］. 地理科学，2003，
23（3）：264-269.

［11］ PARCERISAS L，MARULL J，PINO J，et al. Land use changes，landscape ecology
and their socioeconomic driving forces in the Spanish Mediterranean coast［J］. Environ-
mental Science&Policy，2012，23：120-132.

［12］ 邬建国. 景观生态学：格局、过程、尺度与等级［M］. 北京：高等教育出版
社，2007.

［13］ 刘颂，李倩，郭菲菲. 景观格局定量分析方法及其应用进展［J］. 东北农业大学学报，
2009，40（12）：114-119.

［14］ PAUDEL S，YUAN F. Assessing landscape changes and dynamics using patch analysis
and GIS modeling［J］. International Journal of Applied Earth Observation and Geoinfor-
mation，2012，16：66-76.

［15］ JI W，MA J，TWIBELL R W，et al. Characterizing urban sprawl using multi-stage re-
mote sensing images and landscape metrics［J］. Computers，Environment and Urban
Systems，2006，30（6）：861-879.

[16] LUCK M，WU J G. A gradient analysis of urban landscape pattern：a case study from the Phoenix metropolitan region，Arizona，USA [J]. Landscape Ecology，2002，17（4）：327 - 339.

[17] LI J X，LI C，ZHU F G，et al. Spatiotemporal pattern of urbanization in Shanghai，China between 1989 and 2005 [J]. Landscape Ecology，2013，28（8）：1545 - 1565.

[18] 蔡青. 基于景观生态学的城市空间格局演变规律分析与生态安全格局构建 [D]. 长沙：湖南大学，2012.

[19] ZHANG L Q，WU J P，ZHEN Y，et al. A GIS - based gradient analysis of urban landscape pattern of Shanghai metropolitan area，China [J]. Landscape and Urban Planning，2004，69（1）：1 - 16.

[20] GONG C，YU S X，JOESTING H M，et al. Determining socioeconomic drivers of urban forest fragmentation with historical remote sensing images [J]. Landscape and Urban Planning，2013，117：57 - 65.

[21] BALDWIN D J B，WEAVER K，SCHNEKENBURGER F，et al. Sensitivity of landscape pattern indices to input data characteristics on real landscapes：implications for their use in natural disturbance emulation [J]. Landscape Ecology，2004，19：255 - 271.

[22] LI H B，WU J G. Use and misuse of landscape indices [J]. Landscape Ecology，2004，19：389 - 399.

[23] 刘宇，吕一河，傅伯杰. 景观格局-土壤侵蚀研究中景观指数的意义解释及局限性 [J]. 生态学报，2011，31（1）：267 - 275.

[24] 武鹏飞，周德民，宫辉力. 一种新的景观扩张指数的定义与实现 [J]. 生态学报，2012，32（13）：4270 - 4277.

[25] SHEN Z Y，HOU X S，LI W，et al. Relating landscape characteristics to non - point source pollution in a typical urbanized watershed in the municipality of Beijing [J]. Landscape and Urban Planning，2014，123：96 - 107.

[26] XIAO H G，JI W. Relating landscape characteristics to non - point source pollution in mine waste - located watersheds using geospatial techniques [J]. Journal of Environmental Management，2007，82（1）：111 - 119.

[27] 刘小平，黎夏，陈逸敏，等. 景观扩张指数及其在城市扩展分析中的应用 [J]. 地理学报，2009，64（12）：1430 - 1438.

[28] 陈利顶，傅伯杰，徐建英，等. 基于"源-汇"生态过程的景观格局识别方法：景观空间负荷对比指数 [J]. 生态学报，2003，23（11）：2406 - 2413.

[29] 傅伯杰，赵文武，陈利顶，等. 多尺度土壤侵蚀评价指数 [J]. 科学通报，2006，51（16）：1936 - 1943.

[30] 路超，齐伟，李乐，等. 二维与三维景观格局指数在山区县域景观格局分析中的应用 [J]. 应用生态学报，2012，23（5）：1351 - 1358.

[31] MCGARIGAL K，MARKS B J. Fragstats：spatial pattern analysis program for quantifying landscape structure [J]. General Technical Report，1995，PNW - GTR - 351.

[32] 王艳芳，沈永明，陈寿军，等. 景观格局指数相关性的幅度效应 [J]. 生态学杂志，2012，31（8）：2091 - 2097.

[33] 张景华，吴志峰，吕志强，等. 城乡样带景观梯度分析的幅度效应 [J]. 生态学杂志，2008，27（6）：978 - 984.

[34] 布仁仓，李秀珍，胡远满，等. 尺度分析对景观格局指标的影响 [J]. 应用生态学报，2003，14（12）：2181 - 2186.

[35] ZHANG S N, YORK A M, BOONE C G, et al. Methodological advances in the spatial analysis of land fragmentation [J]. The Professional Geographer, 2013, 65 (3): 512 - 516.

[36] 徐丽，卞晓庆，秦小林，等. 空间粒度变化对合肥市景观格局指数的影响 [J]. 应用生态学报，2010，21（5）：1167 - 1173.

[37] GALPERN P, MANSEAU M. Finding the functional grain: comparing methods for scaling resistance surfaces [J]. Landscape Ecology, 2013, 28 (7): 1269 - 1281.

[38] SU S L, XIAO R, ZHANG Y. Multi - scale analysis of spatially varying relationships between agricultural landscape patterns and urbanization using geographically weighted regression [J]. Applied Geography, 2012, 32 (2): 360 - 375.

[39] ODLAND J. Spatial autocorrelation [M]. California: Sage Publication Inc, 1988.

[40] 曾辉，江子瀛，孔宁宁，等. 快速城市化景观的空间自相关特征分析：以深圳市龙华地区为例 [J]. 北京大学学报（自然科学版），2000，36（6）：824 - 831.

[41] LI B L. Fractal geometry applications in description and analysis of patch patterns and patch dynamics [J]. Ecological Modeling, 2000, 132: 33 - 50.

[42] 史培军，陈晋，潘耀忠，等. 深圳市土地利用变化机制分析 [J]. 地理学报，2000，55（2）：151 - 160.

[43] 陈浮，陈刚，包浩生，等. 城市边缘区土地利用变化及人文驱动机制研究 [J]. 自然资源学报，2001，16（3）：204 - 210.

[44] 田光进，张增祥，王长有，等. 基于遥感与 GIS 的海口市土地利用结构动态变化研究 [J]. 自然资源学报，2001，16（6）：543 - 546.

[45] PAN D Y, DOMON G, DE BLOIS S, et al. Temporal (1958—1993) and spatial patterns of land use changes in Haut - Saint - Laurent (Quebec, Canada) and their relation to landscape physical attributes [J]. Landscape Ecology, 1999, 14: 35 - 52.

[46] 肖驾宁，李秀珍，高峻，等. 景观生态学 [M]. 北京：科学出版社，2003.

[47] 韩育宁. 生态水温过程模拟研究综述 [J]. 山西水土保持科技，2010，12（4）：7 - 9.

[48] 陈仁升，康尔泗，杨建平，等. 内陆河流域分布式日出山径流模型 [J]. 地球科学进展，2003，18（2）：198 - 205.

[49] 丁飞，潘剑君. 分布式水文模型 SWAT 的发展与研究动态 [J]. 水土保持研究，2007，14（1）：33 - 37.

[50] DOWNER C W, OGDEN F L. Appropriate vertical discretization of Richards' equation for two - dimensional watershed - scale modelling [J]. Hydrological Processes, 2004, 18 (1): 1 - 22.

[51] 许彦，潘文斌. 基于 ArcView 的 SCS 模型在流域径流计算中的应用 [J]. 水土保持研究，2006，13（4）：176 - 179，182.

[52] 刘贤赵，康绍忠，刘德林，等. 基于地理信息的 SCS 模型及其在黄土高原小流域降雨-径流关系中的应用 [J]. 农业工程学报，2005，21（5）：93 - 97.

[53] BATELAAN O, SMEDT DE F, TRIEST L. Regional groundwater discharge: phreatophyte mapping, groundwater modelling and impact analysis of land – use change [J]. Journal of Hydrology, 2003, 275: 86 – 108.

[54] NIEHOFF D, FRITSCH U, BRONSTERT A. Land – use impacts on storm – runoff generation: scenarios of land – use change and simulation of hydrological response in a meso – scale catchment in SW Germany [J]. Journal of Hydrology, 2002, 267 (1 – 2): 80 – 93.

[55] 郝芳华, 陈利群. 土地利用变化对产流和产沙的影响分析 [J]. 水土保持学报, 2004, 18 (3): 5 – 8.

[56] 贺宝根, 周乃晟. 农田非点源污染研究中的降雨径流关系: SCS 法的修正 [J]. 环境科学研究, 2001, 14 (3): 49 – 51.

[57] 袁艺, 史培军. 土地利用对流域降雨-径流关系的影响: SCS 模型在深圳市的应用 [J]. 北京师范大学学报 (自然科学版), 2001, 31 (1): 131 – 136.

[58] 周自翔. 延河流域景观格局与水文过程耦合分析 [D]. 西安: 陕西师范大学, 2014.

[59] SADEGHI S H R, JALILI KH, NIKKAMI D. Land use optimization in watershed scale [J]. Land Use Policy, 2009, 26 (2): 186 – 193.

[60] WU J G, HOBBS R. Key issues and research priorities in landscape ecology: an idiosyncratic synthesis [J]. Landscape Ecology, 2002, 17: 355 – 365.

[61] 吴次芳, 叶艳妹. 20 世纪国际土地利用规划的发展及其展望 [J]. 中国土地科学, 2000, 14 (1): 15 – 20, 33.

[62] 韩文权, 常禹, 胡远满, 等. 景观格局优化研究进展 [J]. 生态学杂志, 2005, 24 (12): 1487 – 1492.

[63] 孔伟. 区域土地利用结构预测及优化研究: 以扬州市为例 [D]. 南京: 南京农业大学, 2007.

[64] 吴淑梅, 刘伟, 张娟. 线性规划法在土地利用结构优化中的应用研究: 以徐州市大吴镇采煤塌陷地为例 [J]. 资源与产业, 2006 (4): 93 – 96.

[65] 杨晓勇, 李永贵. 混合整数线性规划方法在小流域规划中的应用 [J]. 海河水利, 1994 (5): 32 – 35.

[66] 刘彦随. 区域土地利用配置 [M]. 北京: 学苑出版社, 1999.

[67] 刘玉民, 刘亚敏, 苏印泉, 等. 宁南黄土高原区生态农业建设中土地利用结构优化研究 [J]. 西南农业大学学报 (自然科学版), 2004 (3): 344 – 347.

[68] 王月健, 丁武泉, 谢付杰. 基于线性规划法的轮台县土地利用结构优化 [J]. 安徽农学, 2010, 38 (9): 4733 – 4734.

[69] 李兰海, 章熙谷. 资源配置的灰色控制模型设计及应用 [J]. 自然资源学报, 1992, 7 (4): 372 – 378.

[70] 但承龙, 雍新琴, 厉伟. 土地利用结构优化模型及决策方法: 江苏启东市的实证分析 [J]. 华南热带农业大学学报, 2001, 7 (3): 38 – 40, 46.

[71] 康慕谊, 姚华荣, 刘硕. 陕西关中地区土地资源的优化配置 [J]. 自然资源学报, 1999, 14 (4): 363 – 367.

[72] 左军. 多目标决策分析 [M]. 杭州: 浙江大学出版社, 1991.

[73] GABRIEL S, FARIA J A, MOGLEN G E. A multiobjective optimization approach to

smart growth in land development [J]. Socio – Economic Planning Sciences, 2006, 40 (3): 212 – 248.

[74] TANG J, MAO Z L, WANG C Y, et al. Regional land use structure optimization based on carbon balance: A case study in Tongyu County, Jilin Province [J]. Resource Science, 2009, 31 (1): 130 – 135.

[75] WANG X H, YU S, HUANG G H. Land allocation based on integrated GIS – optimization modeling at a watershed level [J]. Landscape and Urban Planning, 2004, 66 (2): 61 – 74.

[76] LIU Y F, MING D P, YANG J Y. Optimization of land use structure based on ecological green equivalent [J]. Geomatics and Information Science of Wuhan University, 2002, 27 (5): 493 – 498.

[77] TU X S, PU L J, YAN X, et al. Analysis of optimal allocation of land resources and soil quality regulation using system dynamics [J]. Research of Environmental Sciences, 2009, 22 (2): 221 – 226.

[78] YANG L, HE T B, LIN C H, et al. Structure optimization of land utilization based on system dynamics in Qianxi County [J]. Journal of Mountain Agriculture and Biology, 2009, 28 (1): 24 – 27.

[79] HABER W. Using Landscape ecologyin planning and management [M]. New York: Springer – Verlag, 1990.

[80] FORMAN R T T, GODRON M. Landscape Ecology [M]. New York: John Wiley, 1986.

[81] ENGEL B A, SRINIVASAN R, ARNOLD J, et al. Nonpoint source (NPS) pollution modeling using models integrated with geographic information systems (GIS) [J]. Water Science and Technology, 1993, 28 (3 – 5): 685 – 690.

[82] LAHLOU N, SHOEMAKER L, CHOUDHURY S, et al. BAS INS V. 2. 0 user's manual [R]. Washington DC: US Environmental Protection Agency Office of Water (EPA – 823 – B – 98 – 006), 1998.

[83] LUZIO D M, SRINIVASAN R, ARNOLD J G. Integration of watershed tools and SWAT model into basins [J]. Journal of the American Water Resources Association, 2002, 38 (4): 1127 – 1141.

[84] HE C S. Intergration of geographic information systems and simulation model for watershed management [J]. Environmental Modelling & Software, 2003, 18 (8 – 9): 809 – 813.

[85] HUANG G H, COHEN S J, YIN Y Y, et al. Land resources adaptation planning under changing climate – a study for the Mackenzie Basin [J]. Resources, Conservation and Recycling, 1998, 24 (2): 95 – 119.

[86] WEI W, ZHAO J, WANG X F, et al. Landscape pattern MACRS analysis and the optimal utilization of Shiyang River Basin based on RS and GIS approach [J]. Acta Ecologica Sinica, 2009, 29 (4): 216 – 221.

[87] GUAN W B, XIE C H, MA K M, et al. A vital method for constructing regional ecological security pattern: landscape ecological restoration and rehabilitation [J]. Acta Ecologica Sinica, 2003, 23 (1): 64 – 73.

[ 88 ] SUN L, LI J Q. Spatial distribution and concept of "three zones/two corridors" of nature reserves in Beijing [J]. Acta Ecologica Sinica, 2008, 28 (12): 6379 – 6384.

[ 89 ] WANG W X, ZHANG L, DONG Y W, et al. On ecological security pattern based on regional development along the Yangtze river: taking Jiujiang as an example [J]. Resources and Environment in the Yangtze Basin, 2009, 18 (2): 186 – 191.

[ 90 ] HE C Y, SHI P J, CHEN J, et al. Developing land use scenario dynamics model by the integration of system dynamics model and cellular automata model [J]. Science in China Series D: Earth Sciences, 2005, 48: 1979 – 1989.

[ 91 ] SYPHARD A D, CLARKE K C, FRANKLIN J. Using a cellular automaton model to forecast the effects of urban growth on habitat pattern in southern California [J]. Ecological Complexity, 2005, 2 (2): 185 – 203.

[ 92 ] MATHEY A H, KRCMAR E, VERTINSKY I. Re – evaluating our approach to forest management planning: a complex journey [J]. The Forestry Chronicle, 2005, 81: 359 – 364.

[ 93 ] MATHEY A H, KRCMAR E, TAIT D, et al. Forest planning using co – evolutionary cellular autmata [J]. Forest Ecology and Management, 2007, 239 (1/3): 45 – 56.

[ 94 ] MATHEY A H, KRCMAR E, TAIT D, et al. An object – oriented cellularautom at a model for forest planning problems [J]. Ecological Modelling, 2008, 212 (3/4): 359 – 371.

[ 95 ] LIU X P, LI X, PENG X J. Niche based cellular automata for sustainable land use planning [J]. Acta Ecologica Sinica, 2007, 27 (6): 2391 – 2402.

[ 96 ] YANG X X, LIU Y L, WANG X H, et al. Land utility planning layout model based on constrained conditions cellular automata [J]. Geomatics and Information Science of Wuhan University, 2007, 32 (12): 1164 – 1167.

[ 97 ] WANG H H, LIU Y F. Optimal allocation of land resources based on MOP – CA [J]. Geomatics and Information Science of Wuhan University, 2009, 34 (2): 174 – 177.

[ 98 ] PARKER D C, MANSON S M, JANSSEN M A, et al. Multi – agent systems for the simulation of land – use and land – cover change: a review [J]. Annals of the Association of American Geographers, 2003, 93 (2): 314 – 337.

[ 99 ] VERBURG P H, EICKHOUT B, MEIJL H V. A multi – scale, multi – model approach for analyzing the future dynamics of European land use [J]. The Annals of Regional Science, 2008, 42 (1): 57 – 77.

[100] LU R C, HUANG X J, ZUO T H, et al. Land use scenarios simulation based on CLUE – S and Markov composite model—A case study of Taihu Lake Rim in Jiangsu Province [J]. Sientia Geograghica Sinica, 2009, 29 (4): 577 – 581.

[101] LIU M, HU Y M, CHANG Y, et al. Analysis of temporal predicting abilities for the CLUE – S land use model [J]. Acta Ecologica Sinica, 2009, 29 (11): 6110 – 6119.

[102] SHENG S, LIU M S, XU C, et al. Application of CLUE – S model in simulating land use changes in Nanjing metropolitan region [J]. Chinese Journal of Ecology, 2008, 27 (2): 235 – 239.

[103] HE C Y, SHI P J, LI J G, et al. Scenarios simulation land use change in the northern

China by system dynamic model [J]. Acta Geographica Sinica, 2004, 59 (4): 599 - 607.

[104] QIU B W, CHEN C C. Land use change simulation model based on MCDM and CA and its application [J]. Acta Geographica Sinica, 2008, 63 (2): 165 - 174.

[105] VOINOV A, COSTANZA R, FITZ C, et al. Patuxent landscape model: 1. hydrological model development [J]. Water Resources, 2007, 34 (2): 163 - 170.

[106] VOINOV A, COSTANZA R, FITZ C, et al. Patuxent landscape model: 2. model development—nutrients, plants, and detritus [J]. Water Resources, 2007, 34 (3): 268 - 276.

[107] VOINOV A, COSTANZA R, MAXWELL T, et al. Patuxent landscape model: 3. model calibration [J]. Water Resources, 2007, 34 (4): 372 - 384.

[108] VOINOV A, COSTANZA R, MAXWELL T, et al. Patuxent landscape model: 4. model application [J]. Water Resources, 2007, 34 (5): 501 - 510.

[109] ALLAN I, PETERSON J. Spatial modelling in decision support for land – use planning: a demonstration from the Lal Lal catchment, Victoria, Australia [J]. Australian Geographical Studies, 2002, 40 (1): 84 - 92.

[110] SEPPELT R, VOINOV A. Optimization methodology for land use patterns using spatially explicit landscape models [J]. Ecological Modelling, 2002, 151 (2/3): 125 - 142.

[111] AERTS C J H, HEUVELINK G B M. Using simulated annealing for resource allocation [J]. In ternational Journal of Geographical Information Science, 2002, 16 (6): 571 - 587.

[112] 徐昔保, 杨桂山, 张建明. 兰州市城市土地利用优化研究 [J]. 武汉大学学报, 2009, 34 (7): 878 - 881.

[113] 杨励雅, 绍春福, 聂伟. 基于混合遗传算法的城市土地利用形态与交通结构的组合优化 [J]. 上海交通大学学报, 2008, 42 (6): 896 - 899.

[114] 车伍, 吕放放, 李俊奇, 等. 发达国家典型雨洪管理体系及启示 [J]. 中国给水排水, 2009, 25 (20): 12 - 17.

[115] 车伍, 闫攀, 赵杨, 等. 低影响开发的本土化研究与推广 [J]. 建设科技, 2013 (23): 50 - 52.

[116] COFFMAN L, CLAR M, WEINSTEIN N. Overview of low impact development for stormwater management [J]. Water Resources and the Urban Environment, 1998: 16 - 21.

[117] CHENG M S, COFFMAN L S, ZHANG Y P, et al. Comparison of hydrological responses from low impact development with conventional development [J]. Protection and Restoration of Urban and Rural Streams, 2004: 419 - 430.

[118] DIETZ M E. Low impact development practices: a review of current research and recommendations for future directions [J]. Water, Air and Soil Pollution, 2007, 186 (1 - 4): 351 - 363.

[119] 吴伟, 付喜娥. 绿色基础设施概念及其研究进展综述 [J]. 国际城市规划 2009, 24 (5): 67 - 71.

[120] 马克·A·贝内迪克特，爱德华·T·麦克马洪. 绿色基础设施：连接景观与社区 [M]. 北京：中国建筑工业出版社，2010.

[121] LLOYD S D, WONG T H F, PORTER B. The planning and construction of an urban stormwater management scheme [J]. Water Science Technology, 2002, 45 (7): 1 - 10.

[122] SINGH G, KANDASAMY J. Evaluating performance and effectiveness of water sensitive urban design [J]. Desalination Water Treatment, 2009, 11 (1 - 3): 144 - 150.

[123] ROY A H, WENGER S J, FLETCHER T D, et al. Impediments and solutions to sustainable, watershed - scale urban stormwater management: lessons from Australia and the United States [J]. Environmental Management, 2008, 42 (2): 344 - 359.

[124] LORUP J K, REFSGAARD J C, MAZVIMAVI D. Assessing the effect of land use change on catchment runoff by combined use of statistical tests and hydrological modelling: case studies from Zimbabwe [J]. Journal of Hydrology, 1998, 205 (3 - 4): 147 - 163.

[125] CALDER I R, REID I, NISBET T R, et al. Impact of lowland forests in England on water resources: application of the Hydrological Land Use Change (HYLUC) model [J]. Water Resources Research, 2003, 39 (11): 1319.

[126] MOIWO J P, LU W X, ZHAO Y S, et al. Impact of land use on distributed hydrological processes in the semi - arid wetland ecosystem of Western Jilin [J]. Hydrological Processes, 2010, 24 (4): 492 - 503.

[127] WHEATER H, EVANS E. Land use, water management and future flood risk [J]. Land Use Policy, 2009 (26S): 251 - 264.

[128] 颜文涛，韩易，何强. 山地城市径流污染特征分析 [J]. 土木建筑与环境工程，2011, 33 (3): 136 - 142.

[129] MUSUNGU K, MOTALA S, SMIT J. Using multi - criteria evaluation and GIS for flood risk analysis in informal settlements of Cape Town: the case of graveyard pond [J]. Science, 2012, 173 (3996): 550.

[130] 颜文涛，王正，韩贵锋，等. 低碳生态城规划指标及实施途径 [J]. 城市规划学刊，2011b (3): 39 - 50.

[131] BIRKLAND T A, BURBY R J, CONRAD D, et al. River ecology and flood hazard mitigation [J]. Natural Hazards Review, 2003, 4 (1): 46 - 54.

[132] WEAR D N, TURNER M G, NAIMAN R J. Land cover along an urban - rural gradient: implications for water quality [J]. Ecological Applications, 1998, 8 (3): 619 - 630.

[133] JARVIE H P, WITHERS P J A, HODGKINSON R, et al. Influence of rural land use on streamwater nutrients and their ecological significance [J]. Journal of Hydrology, 2008, 350 (3 - 4): 166 - 186.

[134] YEO I Y, GORDON S I, GULDMANN J M. Optimizing patterns of land use to reduce peak runoff flow and nonpoint source pollution with an integrated hydrological and land - use model [J]. Earth Interactions, 2004, 1 (8): 1 - 6.

[135] ROGERS M F, JONES D R. The changing nature of Australia's country towns [M].

Ballarat，Australia：Victorian Universities RegionalResearch Network Press，2013.

[136] 俞孔坚，李迪华. 城市景观之路：与市长们交流 [M]. 北京：中国建筑工业出版社，2003.

[137] 中华人民共和国住房和城乡建设部. 关于印发《海绵城市建设技术指南——低影响开发雨水系统构建（试行）》的通知（建城函〔2014〕275 号）[Z]. 中华人民共和国住房和城乡建设部，2014 - 10 - 22.

[138] 郭学峰. 河南省主要气象灾害特征分析 [J]. 热带农业工程，2019，43（2）：203 - 206.

[139] 丁一汇. 论河南"75.8"特大暴雨的研究：回顾与评述 [J]. 气象学报，2015，73（3）：411 - 424.

[140] 左海洋，阎永军，张素平，等. 新中国重大洪涝灾害抗灾纪实 [J]. 中国防汛抗旱，2009，19（S1）：20 - 38.

[141] 庞致功，端木礼明，成纲，等. 从"96·8"洪水谈河南黄河防洪存在的问题及对策 [J]. 人民黄河，1997（5）：34 - 36，62.

[142] 董辉. 河南暴雨初探 [J]. 平顶山师专学报，2001，16（4）：46 - 48.

[143] 施其仁. 伊洛河暴雨主要特征及其成因分析 [A]. 河南大学自然地理研究室论文集 [C].

[144] 张震宇，王文楷，胡福森. 河南自然灾害及对策 [M]. 北京：气象出版社，1993.

[145] 刘晓艳. 郑州市气象灾害应急管理体系建设的研究 [D]. 郑州：郑州大学，2009.

[146] 洪文婷. 洪水灾害风险管理制度研究 [D]. 武汉：武汉大学，2012.

[147] ZHOU S G，LIU J J，CHEN R X. New method to extract roads in urban area from high - resolution remote sensing imagery [J]. Computer Engineering and Applications [J]. 2010，46（32）：216 - 219.

[148] 徐丽华，岳文泽，曹宇. 上海市城市土地利用景观的空间尺度效应 [J]. 应用生态学报，2007，18（12）：2827 - 2834.

[149] GRAEME S C. Spatial resilience：integrating landscape ecology，resilience，and sustainability [J]. Landscape Ecology，2011，26（7）：899 - 909.

[150] ARAGON R，OESTERHELD M，IRISARRI G，et al. Stability of ecosystem functioning and diversity of grasslands at the landscape scale [J]. Landscape Ecology，2011，26（7）：1011 - 1022.

[151] CAO Y，BAI Z，ZHOU W，et al. Gradient analysis of urban construction land expansionin the Chongqing urban area of China [J]. Journal of Urban Planning and Development，2015，141（1）：05014009.

[152] 俞龙生，符以福，喻怀义，等. 快速城市化地区景观格局梯度动态及其城乡融合区特征：以广州市番禺区为例 [J]. 应用生态学报，2011，22（1）：171 - 180.

[153] 刘家福，蒋卫国，占文风，等. SCS 模型及其研究进展 [J]. 水土保持研究，2010，17（4）：120 - 124.

[154] 罗鹏，宋星原. 基于栅格的分布式 SCS 产流模型研究 [J]. 水土保持通报2010，30（4）：138 - 142.

[155] BOSZNAY M. Generalization of SCS curve number method [J]. Journal of Irrigation and Drainage Engineering，1989，155（1）：139 - 144.

[156] 于洋，叶润哲，雷振东. 基于 ArcGIS 的城市内涝风险地段空间识别方法：以西安市户县中心城区为例 [J]. 城市建筑，2017（7）：30－33.

[157] 王玉富，王翰钊. ArcGIS 环境下基于 DEM 的流域特征提取 [J]. 湖北民族学院学报，2010，28（4）：440－442.

[158] 海贝贝. 快速城市化进程中城市边缘区聚落空间演化研究 [D]. 郑州：河南大学，2014.

[159] HAASE D，NUISSL H. The urban－to－rural gradient of land use change and impervious cover：a long－term trajectory for the city of Leipzig [J]. Journal of Land Use Science，2010，5（2）：123－141.

[160] 郭泺，夏北成，刘蔚秋，等. 城市化进程中广州市景观格局的时空变化与梯度分异 [J]. 应用生态学报，2006（9）：1671－1676.

[161] 孙娟，夏汉平，蓝崇钰，等. 基于缓冲带的贵港市城市景观格局梯度分析 [J]. 生态学报，2006（3）：655－662.

[162] 谭丽，何兴元，陈玮，等. 基于 QuickBird 卫星影像的沈阳城市绿地景观格局梯度分析 [J]. 生态学杂志，2008（7）：1141－1148.

[163] XIE Y，YU M，BAI Y F，et al. Ecological analysis of an emerging urban landscape pattern—desakota：a case study in Suzhou，China [J]. Landscape Ecology，2006，21：1297－1309.

[164] 姜蓝齐，马艳敏，张丽娟，等. 基于 GIS 的黑龙江省洪涝灾害风险评估与区划 [J]. 自然灾害学报，2013（5）：238－246.

[165] 焦胜，韩静艳，周敏，等. 基于雨洪安全格局的城市低影响开发模式研究 [J]. 地理研究，2018，37（9）：1704－1713.

[166] 徐韧，吉阳光，赵东儒，等. 基于遥感与 GIS 技术的洪水淹没状况分析：以安徽省安庆市望江县为例 [J]. 水土保持通报，2018，38（5）：282－287.

[167] 邹宇，许乙青，邱灿红. 南方多雨地区海绵城市建设研究：以湖南省宁乡县为例 [J]. 经济地理，2015，35（9）：65－71.

[168] 俞孔坚，王思思，李迪华. 区域生态安全格局：北京案例 [M]. 北京：中国建筑工业出版社，2012.

[169] 陈昕，彭建，刘焱序，等. 基于"重要性-敏感性-连通性"框架的云浮市生态安全格局构建 [J]. 地理研究，2017，36（3）：471－484.

[170] 张冬冬，严登华，王义成，等. 城市内涝灾害风险评估及综合应对研究进展 [J]. 灾害学，2014，29（1）：144－149.

[171] 阎俊爱. 城市智能型防洪减灾决策支持系统研究 [D]. 天津：天津大学，2004.

[172] 顾朝林，陈田，丁金宏，等. 中国大城市边缘区特性研究 [J]. 地理学报，1993（4）：317－328.

[173] 肖笃宁，赵羿，孙中伟，等. 沈阳西郊景观格局变化的研究 [J]. 应用生态学报，1990（1）：75－84.

[174] 李贞，刘静艳，张宝春，等. 广州市城郊景观的生态演化分析 [J]. 应用生态学报，1997（6）：633－638.

[175] PETAK W J，ATKISSION A A. Natural hazard risk assessment and public policy [M]. New York：Springer－Verlag Inc.，1982.

[176] 石原安雄，大胖，伯野元彦. 现代城市与自然灾害［M］. 李学良，等译. 北京：海洋出版社，1988.

[177] 张仁杰. 从遥感信息到水文模型参数［J］. 遥感信息，1987（1）：13-18，28.

[178] 魏文秋，谢淑琴. 遥感资料在 SCS 模型产流计算中的应用［J］. 环境遥感，1992，7（4）：243-250.

[179] RANGO A. Assessment of remote sensing input to hydrologic models［J］. Water Resources Bulletin，1985，21（3）：423-432.

[180] 郑州市水利局，郑州大学，中国科学院地理科学与资源研究所. 郑州市水资源综合规划总报告［R］. 郑州：2002.

[181] 高胜超. 基于 GIS 的郑州市水资源评价系统研究［D］. 郑州：郑州大学，2012.

[182] 李可任. 河流水系连通下郑州市水文关系变化及调控研究［D］. 郑州：郑州大学，2014.

[183] 黄大鹏，刘闯，彭顺风. 洪灾风险评价与区划研究进展［J］. 地理科学进展，2007（4）：11-22.

[184] 程晓陶，杨磊，陈喜军. 分蓄洪区洪水演进数值模型［J］. 自然灾害学报，1996，1：34-40.

[185] SOLAIMANI K，MOHAMMADI H，AHMADI M Z，et al. Flood occurrence hazard forecasting based on geographical information system［J］. International Journal of Environmental Science and Technology，2005，2（3）：253-258.

[186] 贾茹兰. 我国大都市"防灾减灾社区"建设策略研究［D］. 上海：东华大学，2018.

[187] 刘晶，鲍振鑫，刘翠善. 近 20 年中国水资源及用水量变化规律与成因分析［J］. 水利水运工程学报，2019（4）：31-41.

[188] 王雅晴，冼超凡，欧阳志云. 基于灰水足迹的中国城市水资源可持续利用综合评价［J］. 生态学报，2021，41（8）：2983-2995.

[189] 宋国君，赵文娟. 中美流域水质管理模式比较研究［J］. 环境保护，2018，46（1）：70-74.

[190] 杜甫然，王婉莹. 城市防洪及雨洪资源利用探讨［J］. 河南水利与南水北调，2017（11）：21-22.

[191] 马海良，姜明栋，侯雅茹. 江苏省海绵城市建设的战略分析和路径规划［J］. 水利经济，2017，35（6）：6-11.

[192] 陈军飞，丁佳敏，邓梦华. 城市雨洪灾害风险评估及管理研究进展［J］. 灾害学，2020，35（4）：157.

[193] 杜丽萍. 河南省洪涝灾害风险管理研究［D］. 焦作：河南理工大学，2016.

[194] 赵飞，张书涵，陈建刚，等. 我国城市雨洪资源综合利用潜力浅析［J］. 人民黄河，2017，39（4）：48-52，57.

[195] 张春元，赵勇. 实施污水资源化是保障国家高质量发展的需要［J］. 中国水利，2020（1）：1-4.